로렌츠가 들려주는 카오스 과학 이야기

로렌츠가 들려주는 카오스 과학 이야기

초판 1쇄 발행일 | 2010년 9월 1일
초판 12쇄 발행일 | 2021년 5월 31일

지은이 | 곽영직
펴낸이 | 정은영
펴낸곳 | (주)자음과모음

출판등록 | 2001년 11월 28일 제2001-000259호
주 소 | 04047 서울시 마포구 양화로6길 49
전 화 | 편집부 (02)324-2347, 경영지원부 (02)325-6047
팩 스 | 편집부 (02)324-2348, 경영지원부 (02)2648-1311
e-mail | jamoteen@jamobook.com

ISBN 978-89-544-2209-3 (44400)

로렌츠가 들려주는

카오스 과학 이야기

| 곽영직 지음 |

(주)자음과모음

로렌츠를 꿈꾸는 청소년을 위한 '카오스' 이야기

인간은 자연의 일부입니다. 따라서 자연을 이해하는 것은 인간을 이해하기 위한 첫걸음이라고 할 수 있습니다. 그러나 그것은 생각처럼 쉬운 일이 아닙니다. 뉴턴 역학이 처음 등장했을 때는 뉴턴 역학을 발전시키면 모든 자연 현상을 이해하게 될 것이라고 믿었습니다. 그러나 뉴턴 역학은 상대성 이론과 양자 물리학에 의해 한계가 드러났습니다.

상대성 이론이나 양자 물리학도 자연의 모든 현상을 이해하도록 해 주지는 못했습니다. 우리 주위에서 일어나는 자연 현상의 대부분은 양자 물리학의 방정식으로는 도저히 풀어 낼 수 없을 만큼 복잡합니다. 이런 현상들을 이해하는 데는 상대성 이론도 별 도움이 되지 못합니다.

날씨 변화와 같이 우리 주위에서 일어나는 복잡한 현상을 이해하는 새로운 가능성을 제시한 카오스 과학은 많은 사람들에게 새로운 희망을 주고 있습니다. 물론 카오스 과학이 모든 문제를 해결해 주지는 않겠지만, 적어도 우리 주위에서 일어나는 복잡한 현상을 이해하는 새로운 돌파구를 제공할 것이라며 기대하고 있습니다. 과학자들뿐만 아니라 일반인들도 카오스 과학에 많은 관심을 가지는 까닭은 바로 이러한 이유 때문입니다.

이 책은 카오스 과학을 시작한 로렌츠 교수가 직접 수업을 하는 형식으로 카오스 과학이 태동하는 과정, 기초적인 이론, 응용 방법을 쉽게 설명하고 있습니다. 이 책을 쓰면서 염두에 둔 것은 책을 읽고 난 후에는 정말로 로렌츠 교수에게 수업을 들은 듯한 착각이 들게끔 이야기를 이끌어 가자는 것이었습니다. 저의 그런 의도가 성공했는지를 판단해 주는 일은 독자들의 몫일 것입니다.

이 책을 만드는 데 도움을 준 많은 분들께 감사의 마음을 전하며, 이 책을 끝까지 읽어 줄 독자들에게는 더 큰 감사의 뜻을 표합니다.

곽 영 직

차례

부록

첫 번째 수업

1

카오스 과학의 정의

카오스란 혼돈스런 상태를 나타내는 말입니다.
카오스 과학의 정확한 정의를 알아봅시다.

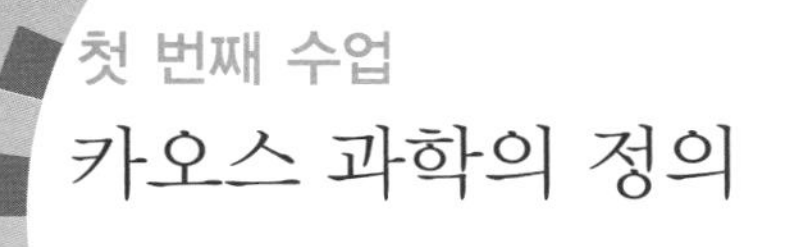

첫 번째 수업

카오스 과학의 정의

교.
과.
연.
계.

초등 과학 3-1	4. 날씨와 우리 생활
초등 과학 6-2	2. 일기 예보
중등 과학 3	4. 물의 순환과 날씨 변화
고등 지학 II	2. 대기의 운동과 순환
	4. 천체와 우주

로렌츠가 간단한 자기 소개를 하며 첫 번째 수업을 시작했다.

카오스 과학의 정의

오늘은 20세기 마지막 과학 혁명이라고도 불리는 카오스 과학을 처음 제창한 로렌츠 교수가 첫 번째 수업을 하는 날이다. 드디어 온화한 얼굴을 한 로렌츠 교수가 교실에 들어와 수업을 시작했다.

여러분, 안녕하세요. 나는 미국 매사추세츠 공과 대학(MIT)에서 오랫동안 카오스 과학을 연구하면서 학생들을 가르쳤던 로렌츠(Edward Norton Lorenz, 1917~2008) 교수

예요. 앞으로 8일 동안 21세기를 이끌어 갈 청소년들에게 카오스 과학에 대해 이야기할 수 있게 된 것을 아주 기쁘게 생각합니다.

그럼 카오스 과학에 대한 이야기를 하기 전에 몇 가지 물어볼까요? 여러분 중에 카오스 과학이라는 말을 들어본 사람은 손을 들어 보세요.

대부분의 학생들이 손을 들었다.

한국 학생들이 열심히 공부한다는 이야기를 듣기는 했지만 이렇게 열심히 하는지는 잘 몰랐군요. 카오스 과학이 아직은 조금 생소한 분야여서 어른들 중에서도 카오스 과학에 대해 들어본 사람이 많지 않거든요.

카오스라는 말은 그리스 신화에 등장하는 말이에요. 그리스 신화에서 카오스는 아무것도 없는 어두운 공간으로 모든 신들이 생겨난 곳을 뜻했어요. 그러니까 우주의 근원이 되는 텅 빈 공간이라고 할 수 있지요. 그러나 시간이 지남에 따라 카오스는 차츰 혼돈스런 상태를 나타내는 말로 바뀌었어요.

그러니까 카오스 과학은 혼돈스런 상태를 분석하는 과학이라고 할 수 있어요. 영어로는 'chaos'라고 써요. 하지만 카오스 과학을 공부하는 사람들은 영어 발음인 '케이오스' 보다 그리스어인 '카오스' 라는 말을 더 많이 사용하고 있어요.

카오스 과학이 혼돈스런 상태를 분석하는 과학이라고 해서 모든 혼돈스런 상태를 다 연구하고 분석하는 것은 아니에요. 다시 말해 혼돈스런 상태라고 해도 카오스 과학으로 분석할 수 있는 혼돈과 그렇지 못한 혼돈이 있다는 뜻이지요. 따라서 카오스 과학을 그냥 혼돈스런 상태를 분석하는 과학이라고 해서는 정확하지 않아요.

카오스 과학이 어떤 과학인지를 설명하기 위해서는 우리에게 생소한 몇 가지 용어를 더 알아야 돼요. 그러면 여러 학생들이 이 용어들을 얼마나 알고 있는지 질문해 볼까요? '나비 효과' 라는 말을 알고 있는 사람은 손을 들어 보세요.

이번에는 반 정도의 학생들이 손을 들었다.

아니, 나비 효과에 대해 들어본 사람이 이렇게 많아요? 그렇다면 벌써 카오스 과학에 대해 다 알고 있는 것 아니에요? 그럼 프랙털 기하학이라는 말을 아는 사람은 있나요?

이번에는 세 학생만이 손을 들었다.

아, 아직 프랙털 기하학에 대해서는 생소한 모양이로군요.

그럼 마지막으로 한 가지만 더 물어볼게요. 학생들 중에 혹시 비선형 동역학이라는 말을 들어본 사람 있나요?

순간 정적이 흐르며 아무도 손을 들지 않았다.

내가 생각했던 대로군요. 하긴 비선형 동역학은 좀 전문적인 단어라서 들어볼 기회가 없었을 거예요.

내가 여러분에게 네 가지를 알고 있는지 물었어요. 카오스 과학, 나비 효과, 프랙털 기하학, 그리고 비선형 동역학이 그것이에요. 앞으로 내가 할 이야기는 바로 이 네 가지 단어 속에 다 들어 있어요. 카오스 과학이란 나비 효과와 비주기성

이 나타나는 비선형 동역학의 문제를 프랙털 기하학을 이용하여 분석하는 과학이라고 할 수 있으니까요.

__ 무슨 이야기인지 잘 모르겠어요. 조금 쉽게 다시 설명해 주세요.

그럴 줄 알았어요. 방금 내가 한 이야기는 학생들에게 어렵게 들렸을 거예요. 조금 전에 질문한 학생처럼 잘 모르는 이야기가 나오면 즉시 질문을 해서 알고 넘어가도록 해요. 가능하면 쉽게 카오스 과학 이야기를 해 나갈 생각이기 때문에 이 말을 잘 이해하지 못한다고 걱정할 필요는 없어요.

하지만 지금 당장 질문에 답을 해 줄 수는 없어요. 앞으로의 수업을 통해 답을 알려 줄 생각이거든요. 카오스 과학은 비교적 새로운 과학이라고 할 수 있기 때문에 용어들이 조금 생소해서 처음에는 어렵게 들릴 거예요. 하지만 용어 하나하나를 자세히 살펴본 다음 다시 카오스 과학의 설명을 들으면 '아, 그런 것이로구나!' 하는 생각이 들 거예요. 알고 보면 우리가 모두 이해할 수 있는 이야기거든요.

자, 그럼 아직은 이해할 수 없겠지만 카오스 과학이 무엇인지 다시 확인하고 넘어갈까요? 카오스 과학이란 어떤 과학이라고 했지요? 카오스 과학은 나비 효과와 비주기성이 나타나는 비선형 동역학의 문제를 프랙털 기하학을 이용하여 분석

하는 과학이라고 했어요.

따라서 수업을 시작하기 전에 카오스 과학을 이해하려면 나비 효과, 비선형 동역학, 프랙털 기하학이라는 말을 꼭 알아야 한다는 말을 다시 강조하고 싶군요.

일기 예보의 어려움

이제 내가 무슨 이야기를 해야 할지, 그리고 여러분이 이 수업을 통해 무엇을 배워야 하는지가 정해진 셈이네요. 하지만 오늘은 첫 번째 수업이니까 본격적으로 카오스 과학 이야기를 하기 전에 우선 내가 카오스 과학을 어떻게 연구하게 되었는지에 대해 설명하기로 하지요. 내가 카오스 과학을 공부하게 된 과정이 바로 카오스 과학이 탄생하는 과정이라고 할 수 있어요.

나는 미국의 코네티컷에서 태어나 하버드 대학과 다트머스 대학에서 수학을 공부했어요. 대학을 졸업한 후에는 군대에 갔는데, 그때 날씨 예보관으로 근무한 것이 인연이 되어 날씨의 변화를 연구하는 기상학에 관심을 가지게 되었어요. 그래서 군대를 제대한 후에는 MIT의 대학원에 들어가 기상학

을 공부하기 시작했어요. 기상학 연구로 박사 학위를 받은 다음에는 MIT에서 오랫동안 기상학 교수로 일했어요. 그러니까 나는 기상학자예요.

여러분도 휴가나 운동회 또는 등산과 같은 특별한 일이 있으면 며칠 전부터 일기 예보를 열심히 알아볼 거예요. 날씨는 우리의 일상생활과 밀접한 관계가 있기 때문에 사람들은 날씨를 미리 알고 싶어 하지요.

여러분은 매일 텔레비전에서 보는 일기 예보가 정확하다고 생각하나요? 아니면 엉터리라고 생각하나요? 정확하다고 생각하는 학생은 손을 들어 보세요.

열 명쯤 되는 학생이 손을 들었다.

정확하다고 생각하는 학생이 생각보다 많네요. 그럼 이번에는 정확하지 않다고 생각하는 학생들이 손을 들어 보세요.

열다섯 명쯤 되는 학생이 손을 들었다.

역시 아직 일기 예보에 불만을 가지고 있는 학생이 더 많군요. 그럼 일기 예보는 엉터리라고 생각하는 사람도 있나요? 그런 사람 있으면 손을 들어 보세요.

이번에는 아무도 손을 들지 않았다.

일기 예보가 정확하지 않다고 생각하는 학생은 많지만, 아주 엉터리라고 생각하는 사람은 아무도 없군요. 날씨를 연구하는 기상학자로서 그것만으로도 다행이라고 생각합니다.

날씨를 정확하게 예보하는 것은 생각보다 중요한 일이고 또 어려운 일이기도 해요. 따라서 정부에서는 정확한 일기 예보를 위해 많은 예산을 사용하고 있어요.

일기 예보를 담당하고 있는 기상청에는 많은 연구원들이

날씨를 연구하고 있으며, 대학에 설치되어 있는 기상학 관련 학과에서도 많은 과학자들이 날씨 변화를 연구하고 있지요. 날씨를 더 정확하게 예보하기 위해 더 좋은 관측 장비와 대형 컴퓨터들도 계속 도입하고 있고요.

정확한 일기 예보를 하기 위해서는 국제적인 협조도 꼭 필요해요. 날씨 변화나 구름 이동에는 국경이 없기 때문이지요. 그래서 국제적으로 날씨의 문제를 다루는 국제기구도 있고요.

이렇게 많은 사람들이 정확한 일기 예보를 하기 위해 노력하고 있는데도 아직 일기 예보에 만족하는 사람보다 불만을 가지고 있는 사람이 더 많은 것은 무엇 때문일까요? 그렇게 많은 사람들이 날씨를 연구하고 있는데도 날씨 하나 정확하게 예측하지 못한다는 것이 한심스럽다는 생각을 해 본 적은 없나요?

나는 날씨를 연구하고 날씨에 대해 강의를 하는 교수가 된 다음에 날씨 하나 제대로 예측하지 못하는 내가 참 한심하다는 생각이 들었어요. 그래서 어떻게 하면 정확하게 날씨를 예측할 수 있을지에 대해 곰곰이 생각하게 되었지요.

처음에 날씨에 대해 더 많은 것을 알아내고 좋은 장비를 사용하면 더욱더 정확하게 예측할 수 있을 것이라고 생각했어

요. 그러나 아무리 공부를 하고 장비를 개선해도 날씨 예측이 별로 나아지지 않는다는 것을 알게 되었지요.

그러다가 어느 날 문득 날씨를 제대로 예측하지 못하는 것은 날씨를 연구하는 과학자들의 능력이 모자라기 때문이 아니라 날씨가 지니고 있는 어떤 성질 때문이 아닐까 하는 생각을 했어요. 그런 생각을 하게 된 것이 1950년대였으니까 내가 30대일 무렵이군요. 따라서 그때부터 날씨의 어떤 요소가 예측을 어렵게 만드는지를 연구하기 시작했어요.

다가올 겨울에는 날씨가 춥고 다음 여름에는 날씨가 덥다고 예측하는 일은 아주 쉬워요. 내년 8월 15일에 해 뜨는 시각이 몇 시인지 예측하는 것도 아주 쉬운 일이지요. 하지만 일주일 후의 날씨를 정확하게 예측하는 것은 아주 어려운 일이에요. 왜 그럴까요?

계절의 변화나 해가 뜨고 지는 것은 규칙적으로 반복되기 때문에 다음에 어떤 일이 일어날지를 예측하기 쉬워요. 하지만 날씨는 규칙적으로 반복되지 않아요. 기상학자들 중에는 오랜 기간 동안의 날씨 변화를 연구하여 날씨 변화의 주기를 찾아내려고 노력한 사람들이 있었어요.

하지만 날씨의 변화에서는 주기성을 찾을 수 없어요. 지구의 공전이나 자전과 같이 날씨에 직접 영향을 주는 현상들은

일정한 간격을 두고 주기적으로 반복되는데, 왜 날씨만은 주기적으로 반복되지 않는 것일까요?

나는 1950년대부터 날씨가 주기적으로 반복되지 않는 원인을 찾아내려고 연구를 하기 시작했어요. 처음에는 날씨에 영향을 주는 요소가 많고 복잡하기 때문이라고 생각했어요. 하지만 그 원인을 생각하지도 못했던 곳에서 찾았어요. 이 문제의 해답이 바로 카오스 과학을 탄생하게 했어요. 그러니까 내 수업의 많은 부분에서 그때 내가 고민했던 문제와 찾아낸 해답을 설명할 거예요.

이 문제의 해답을 얻은 때는 1963년이었어요. 나는 내가

얻어 낸 결과를 1963년에 미국 기상학 학술지에 〈결정적인 비주기적 흐름〉이라는 제목의 논문으로 발표했어요.

__ 결정적인 비주기적 흐름이 무슨 말인가요?

〈결정적인 비주기적 흐름〉이라는 나의 논문 제목이 무엇을 뜻하는지는 수업을 듣다 보면 자연히 알게 될 거예요. 이 논문은 카오스 과학을 탄생시킨 논문이라고 할 수 있어요. 아마 내 수업을 다 듣고 나면 어렴풋이 논문 제목의 의미를 짐작할 수 있을 거예요.

그리고 1969년부터 나비 효과라는 말을 사용하기 시작했어요. 카오스 과학에서 나비 효과는 가장 핵심적인 용어 중의 하나거든요. 그러나 내가 나비 효과라는 말을 사용하게 된 것은 아주 우연한 사건 때문이었어요.

나는 나비 효과라는 용어를 처음 만든 사람이 아니에요. 하지만 나 때문에 모든 사람들의 입에 오르내리는 말이 되었지요. 나비 효과라는 말이 무엇을 뜻하는지, 그리고 그 말을 어떻게 사용하게 되었는지에 대해서는 세 번째 수업에서 자세하게 이야기할 예정이에요. 지금 그 이야기를 할 수 없는 것은 나비 효과를 이야기하기 위해서는 먼저 알아야 할 것이 있기 때문이에요.

20세기의 마지막 과학 혁명

여러 학생들은 과학이 어떻게 발전해 간다고 생각하나요? 과학은 자연에 대한 새로운 사실을 알아가면서 단계적으로 차근차근 발전해 간다고 생각하고 있지 않나요? 오랫동안 사람들은 '과학은 단계적으로 발전해 간다' 고 믿었어요.

그러나 20세기에 미국의 과학 사학자이자 과학 철학자였던 쿤(Thomas Samuel Kuhn, 1922~1996)은 과학은 혁명적으로 발전해 간다는 주장을 했어요. 대부분의 사람들은 기존에 진리라고 알려져 있는 과학적 사실을 부정하기보다 그것을 사실로 받아들이는 것을 좋아한다고 해요. 예를 들면, 지구가 우주 중심에 고정되어 있고 다른 천체들이 그 주위를

과학자의 비밀노트

쿤(Thomas Samuel Kuhn, 1922~1996)

미국의 과학사가이자 과학 철학자이다. 저서로는 《과학 혁명의 구조》가 유명한데, 이 책을 통해 패러다임이라는 새로운 개념의 용어가 처음으로 등장하였다. 과학은 점진적으로 발전하는 것이 아니라 패러다임의 교체에 의해 혁명적으로 발전하는 것으로 설명하고 이러한 변화를 '과학 혁명' 이라고 불렀다. 언어학, 철학, 심리학, 사회학 등 여러 분야를 섭렵하여 과학 철학 분야에 중요한 업적을 남겼다.

돌고 있다는 천동설을 오랫동안 사실로 받아들였던 것처럼 말이지요.

이렇게 어떤 기본적인 과학 체계를 받아들이고 있는 동안에는 이에 어긋나는 새로운 사실이 발견되어도 그것을 무시한다는 것이지요. 이렇게 많은 사람들이 받아들이는 원리나 과학적 방법을 공유하는 과학자들이 행하는 과학적 탐구 활동을 정상 과학이라고 해요. 조금 생소한 용어일지는 몰라도 많은 사람들이 받아들이는 원리와 과학적 방법을 패러다임이라고 부르지요.

패러다임이라는 말은 과학에서 시작되어 이제는 모든 분야에서 사용하는 말이 되었으므로 여러분도 자주 듣게 될 것이에요. 그러니까 정상 과학은 다시 말하면 하나의 패러다임을 모든 사람들이 받아들이고 있는 동안의 과학이라고 할 수 있어요.

그러다가 더는 고집을 부릴 수 없을 정도로 새로운 사실이 많이 발견되면 예전의 과학을 버리고 새로운 과학을 받아들이게 돼요. 이렇게 예전의 과학을 버리고 새로운 과학을 받아들이는 것을 과학 혁명이라고 해요. 즉 하나의 패러다임을 버리고 새로운 패러다임을 받아들이는 것이 과학 혁명인 것이죠. 천동설을 버리고 지동설을 받아들인 것은 대표적인 과학 혁명이지요. 우리는 이것을 천문학 혁명이라고도 불러요.

과학의 역사에는 수많은 과학 혁명이 있었어요. 뉴턴이 새로운 역학을 만들어 낸 역학 혁명, 아인슈타인(Albert Einstein, 1879~1955)이 제창한 상대성 이론 혁명, 플랑크(Max Planck, 1858~1947)의 양자 가설을 계기로 슈뢰딩거(Erwin Schrödinger, 1887~1961)와 하이젠베르크(Werner Karl Heisenberg, 1901~1976) 등이 진행한 양자 역학 혁명 등은 모두 과학의 흐름을 바꾸어 놓은 과학 혁명이에요.

내가 1963년에 시작한 카오스 과학은 1970년대와 1980년대를 거치면서 많은 발전을 했어요. 예전에는 과학적으로 설명할 수 없었던 많은 현상들을 카오스 과학을 이용하여 설명할 수 있게 되었지요. 그러자 학자들 중에는 카오스 과학을

20세기 마지막 과학 혁명이라고 주장하는 사람도 나타났어요. 일부 학자들은 카오스 과학의 발전이 혁명이라고 부를 수 있을 만큼 중요한 과학적 변화가 아니라고 주장하기도 했지만요.

나는 카오스 과학의 발전이 과학 혁명에 해당하는지 아닌지는 그다지 중요하지 않다고 생각해요. 과학 혁명이냐 아니냐를 놓고 논쟁을 벌일 정도로 사람들의 관심을 끌고 있다는 것만으로도 충분하다고 생각하지요. 카오스 과학은 이제 시작하는 과학이에요. 아직은 알아낸 것보다 앞으로 알아낼 것이 훨씬 더 많은 과학이지요. 따라서 과학 혁명인지 아닌지는 후세 사람들이 판단할 문제라고 생각해요.

다만 카오스 과학이 자연 현상을 이해하는 새로운 방법을 제시한 것은 확실하다고 봐요. 여러분도 내 수업을 듣다 보면 그런 생각을 하게 될 거예요. 내 수업을 들은 학생 중에서 카오스 과학을 크게 발전시키는 훌륭한 과학자가 많이 나왔으면 참 좋겠어요. 그것이 이런 수업을 하는 나의 가장 큰 보람일 거예요.

오늘은 첫 번째 수업이라서 본격적인 카오스 과학 이야기는 시작도 하지 못하고 끝내야겠군요. 하지만 카오스 과학이 어떻게 시작되었는지, 그리고 카오스 과학 수업을 통해 무엇을 배워야 하는지는 어느 정도 감이 잡혔을 거예요. 그럼 마지막으로 카오스 과학이 무엇인지 다시 한번 확인하고 오늘 수업을 끝내겠어요. 그럼 다 같이 카오스 과학이 어떤 과학이라고 했는지 말해 볼까요?

— 카오스 과학이란 나비 효과와 비주기성이 나타나는 비선형 동역학의 문제를 프랙털 기하학을 이용하여 분석하는 과학입니다.

잘 기억하고 있군요. 그럼 다음 시간에 만나기로 하지요.

만화로 본문 읽기

내일 날씨는 대체적으로 맑겠습니다.
내일의 날씨
와아~
내일 소풍 가는데, 날씨가 좋을 것 같다니 다행이다!
쨍
야! 정말 화창한 날씨다~!!
다음 날
미주야, 도시락 뭐 싸 왔어?
아직 출발도 안 했는데, 도시락이 궁금하니?
여러분 안녕하세요? 오늘 소풍날이죠?
선생님, 안녕하세요.
얜 또 도시락 타령이야!!
네! 선생님은 도시락 뭐 싸 오셨어요?
어? 선생님, 우산을 들고 오셨네요?
오늘 일기 예보에서 날씨가 아주 좋다고 했었는데….
하하, 여러분은 일기 예보를 잘 믿고 있군요.
어?!
하지만 날씨는 언제나 정확한 예측을 불가능하게 하는 카오스적 성질을 가지고 있죠.
쿠르릉
카오스?
카오스적 성질이요?
카오스란 그리스 어로 혼돈스러운 상태를 의미하죠! 주기적으로 반복되지 않는 현상을 분석하는 과학이 바로 카오스 과학이랍니다.
으악, 비다!
뭐야, 오늘 소풍은 어떡해!
쏴아--

두 번째 수업

2

비선형 동역학

카오스 과학이란 나비 효과가 나타나는 비선형 동역학의 문제를 다루는 과학입니다.
먼저 비선형 동역학이 무엇인지부터 알아봅시다.

두 번째 수업

비선형 동역학

교과연계		
	초등 과학 3-1	4. 날씨와 우리 생활
	초등 과학 6-2	2. 일기 예보
	중등 과학 1	7. 힘과 운동
	중등 과학 2	1. 여러 가지 운동
	중등 과학 3	4. 물의 순환과 날씨의 변화
	고등 물리 I	2. 전기와 자기

로렌츠가 자동차 모형을 가지고 와서 두 번째 수업을 시작했다.

비례와 선형 관계

로렌츠 교수가 오늘은 크기가 다른 자동차 모형을 두 개 가지고 들어왔다. 두 자동차 모형은 크기만 다를 뿐 똑같은 모습이었다.

지난번 수업에서는 카오스 과학이 어떻게 시작되었는지 그리고 카오스 과학이 무엇인지에 대해 이야기했어요. 하지만 아직 카오스 과학이 무엇인지는 전혀 알 수 없을 거예요. 오늘도 지난번에 이어 카오스 과학을 이해하기 위해 꼭 필요한

내용을 공부하도록 하겠어요. 지난번 강의에서 카오스 과학을 정의했었는데 기억하는 학생 있나요? 누가 이야기해 보겠어요?

__ 카오스 과학이란 나비 효과와 비주기성이 나타나는 비선형 동역학의 문제를 프랙털 기하학을 이용하여 설명하는 과학입니다.

아주 잘 이야기했어요. 방금 학생이 말한 대로 카오스 과학이란 나비 효과가 나타나는 비선형 동역학의 문제를 다루는 과학이에요. 그렇다면 카오스 과학을 이해하기 위해서는 '비선형' 이라는 말과 '나비 효과' 라는 말을 알아야겠군요. 그래서 오늘은 비선형이라는 말이 무엇을 뜻하는지에 대해서 이야기할 생각이에요.

로렌츠 교수는 화이트보드 위에 정사각형을 세 개 그렸다.

여러분, 이 사각형들이 정사각형으로 보이나요? 정사각형들은 크기는 달라도 모두 닮은꼴이에요.

여기 세 개의 정사각형이 있는데 두 번째 정사각형의 한 변의 길이는 첫 번째 정사각형의 한 변의 길이의 2배예요. 그리고 세 번째 정사각형의 한 변의 길이는 첫 번째 정사각형의 3배지요. 자, 그렇다면 문제를 내 볼까요?

두 번째 정사각형과 세 번째 정사각형의 둘레의 길이는 첫 번째 정사각형 둘레 길이의 몇 배나 될까요? 너무 쉽다고요? 그래요. 한 변의 길이가 2배, 3배면 각각의 정사각형 둘레의 길이도 당연히 2배, 3배가 되지요.

이런 관계를 다시 자세히 살펴볼까요? 만약 한 변의 길이를 x라 하고 정사각형의 둘레는 y라 한다면 둘레는 한 변의 길이의 4배니까 $y=4x$라고 할 수 있을 거예요. 따라서 한 변의 길이와 둘레 사이에는 다음과 같은 관계가 성립한다는 것을 알 수 있어요.

한 변의 길이(x)	정사각형의 둘레(y)
x	$y=4x$
1(1배)	4(1배)
2(2배)	8(2배)
3(3배)	12(3배)

한 변의 길이가 2배이면 둘레의 길이도 2배가 되는 것은 정사각형의 둘레가 변의 길이의 일차식으로 나타내지기 때문이에요. 제곱이나 세제곱과 같은 항이 없이 $4x$처럼 일차 항만으로 나타내는 것을 일차식으로 나타낸다고 해요.

이것을 좀 더 쉽게 말하면 정사각형의 둘레는 한 변의 길이에 비례한다고 할 수 있어요. 이렇게 두 양이 서로 비례할 때 우리는 두 양이 서로 선형 관계에 있다고 이야기해요. 그냥 비례한다고 하면 될 것을 굳이 선형 관계에 있다는 어려운 말을 사용하는 까닭은 무엇 때문일까요?

공부하는 학생들을 어렵게 하려고 일부러 그러는 것은 아니에요. 좀 더 정확하게 표현하고 싶어서 그런 걸 거예요. 그렇다면 우리 주위에서 선형 관계에 있는 것을 찾아볼까요? 그래요. 정사각형과 마찬가지로 정삼각형의 한 변의 길이와 둘레도 선형 관계에 있군요.

또 다른 것은 없나요? 맞아요. 저항이 일정할 때 전압과 전류도 선형 관계에 있군요. 옴의 법칙에 의하면 전압(V)=저항(R)×전류(I)이므로 전압이 2배가 되면 전류도 2배가 되고, 전압이 3배가 되면 전류도 3배가 되거든요. 아무리 많은 물건을 사도 물건 값을 깎아 주지 않을 때, 물건의 개수와 전체 물건 값도 비례하겠군요. 하루 동안 일하고 받는 임금이 일정할 때 일한 날짜와 전체 임금도 비례하겠지요?

비선형 관계

선형 관계에 있는 양들은 아주 많아요. 그렇다고 모든 양들 사이에 이런 관계가 성립하는 것은 아니에요. 그럼 이제 그렇지 않은 예를 들어 볼까요? 앞에서 설명한 정사각형으로 돌아가서, 정사각형의 한 변의 길이가 2배가 되면 정사각형의 면적은 몇 배가 될까요? 한 변의 길이가 3배가 되면 면적은 또 어떻게 될까요?

우리는 정사각형의 면적은 변의 길이의 제곱이라는 것을 알고 있어요. 따라서 정사각형의 한 변의 길이와 면적 사이에

는 다음과 같은 관계가 성립한다는 것도 쉽게 알 수 있어요.

한 변의 길이(x)	정사각형의 면적(S)
x	$S=x^2$
1(1배)	1(1배)
2(2배)	4(4배)
3(3배)	9(9배)

정사각형의 한 변의 길이가 2배가 되면 면적은 4배가 되고, 한 변의 길이가 3배로 늘어나면 면적은 9배가 되지요. 면적은 길이의 제곱이기 때문이에요. 이런 경우 우리는 제곱에 비례한다고 말해요.

만약 정육면체를 만든다면 한 변의 길이와 부피 사이에는 또 다른 비례 관계가 성립해요. 부피는 길이의 세제곱으로 나타내기 때문에 길이가 2배로 되면 부피는 8배가 되지요. 물론 길이가 3배로 되면 부피는 27배나 되고요. 이런 경우 부피는 길이의 세제곱에 비례한다고 말해요. 여러 가지 양들 사이에는 이보다 훨씬 더 복잡한 비례 관계가 있는 경우도 있어요.

앞에서 어떤 두 양 사이의 관계가 일차식으로 주어지는 경우 두 양이 선형 관계에 있다고 말한다고 이야기했어요. 그러면 일차식이 아닌 이차식, 삼차식으로 주어지는 경우는 무엇이라고 부를까요? 두 양의 관계가 이차식, 삼차식이나 이보다 더 복잡한 식으로 주어지는 경우를 모두 합쳐 비선형 관계에 있다고 말해요.

그러니까 한 변의 길이와 면적, 그리고 부피는 모두 비선형 관계에 있는 거지요. 이제 선형 관계와 비선형 관계가 어떤 것인지 알 수 있나요? 생각했던 것보다 훨씬 간단하지요?

비선형 동역학계

선형 관계와 비선형 관계만으로는 아직 카오스 과학을 이야기할 수 없어요. 카오스 과학을 이야기하려면 여기서 한 걸음 더 나아가서 비선형 동역학계라는 것을 알아야 해요.

여기까지 말을 마친 로렌츠 교수가 교탁 위에 놓아두었던 크기가 다른 두 개의 모형 자동차를 집어 들었다.

여러 학생들에게 비선형 동역학계를 설명하려고 두 개의

자동차 모형을 가지고 왔어요. 이게 그냥 겉모양만 자동차처럼 만든 모형 자동차가 아니라 실제로 움직이는 꼬마 자동차예요. 리모컨으로 조정을 할 수도 있지요.

큰 자동차는 작은 자동차를 2배로 크게 만든 거예요. 자동차의 길이도 2배고, 바퀴의 지름도 2배고, 높이도 2배예요. 그렇다면 큰 자동차 안에 들어 있는 엔진의 크기도 2배일까요? 여러분은 어떻게 생각해요?

엔진의 크기도 2배라고 생각하는 사람 손들어 보세요.

다섯 명의 학생이 손을 들었다.

엔진의 크기는 2배가 아닐 것이라고 생각하는 학생 손을 들어 보세요.

이번에는 훨씬 많은 학생이 손을 들었다.

2배가 아닐 것이라고 생각하는 학생이 훨씬 많군요. 만약 엔진의 성능이 엔진의 크기에 비례한다면 2배 큰 자동차에는 크기가 2배인 엔진을 사용해야 될지도 몰라요. 그러나 엔진의 성능이 크기에 비례하지 않는다면 크기가 2배라고 해서 엔진의 크기도 2배일 필요는 없겠지요.

엔진은 복잡한 구조를 하고 있어요. 그중에 엔진의 성능에 영향을 주는 요소는 아주 많아요. 예를 들면, 엔진의 크기를 2배로 한다면 휘발유가 들어가는 관의 지름도 2배가 되어야 하는데, 그렇게 되면 휘발유가 2배 들어가는 것이 아니라 4배 들어가게 되지요. 지름이 2배가 되면 관의 단면적은 4배가 되기 때문이지요.

따라서 엔진의 크기가 2배가 되면 엔진의 성능은 2배보다 훨씬 클 가능성이 있어요. 따라서 자동차의 크기가 2배라고 해서 엔진이 2배가 될 필요는 없겠지요. 이런 경우 자동차 엔진의 성능은 크기와 비선형 관계에 있다고 할 수 있어요.

이렇게 결과에 영향을 주는 어떤 요소를 변형시켰을 때 그 결과가 변형시킨 정도에 비례하지 않고 제곱이나 세제곱 또는 이보다 훨씬 복잡한 함숫값에 비례할 경우, 이런 계를 비

선형계라고 해요. 앞에서 예를 든 자동차 엔진은 비선형계라고 할 수 있어요.

동역학계란 움직이는 체계라는 뜻이에요. 물리학에서는 힘을 가했을 때 물체가 어떻게 움직일지를 다루는 경우가 많지요. 공에 힘을 가했을 때 공이 어떤 속도로 얼마나 움직이는지, 공기 중에서 물체를 낙하시켰을 때 물체가 어떤 운동을 하면서 떨어지는지와 같은 문제를 다루는 것이 동역학이에요.

동역학의 반대되는 말은 정역학이에요. 여러 힘이 평형을 이루고 있는 경우 힘이 어떻게 분산되어 있는지, 어떤 힘이 어떤 방향으로 작용하는지와 같은 것들을 다루는 것이 정역학이지요. 정역학이란 정지해 있는 물체 사이에 작용하는 힘을 다룬다는 의미예요.

그렇다면 이제 지금까지 한 이야기를 정리해 볼까요? 비선형 동역학계란 결과가 어떤 요소에 비례하지 않는 움직이는 물체라는 뜻이에요. 만약 자동차 엔진이 선형 동역학계라면 하나의 엔진을 만든 다음 2배 더 큰 힘을 내는 엔진을 만들려면 단순히 모든 부분의 크기를 2배 더 크게 만들면 될 거예요.

그러나 엔진은 비선형 동역학계예요. 따라서 모든 부품을 똑같은 비례로 크게 만든다고 해서 성능이 크기에 비례해서 좋아지는 것은 아니에요. 그렇게 엔진을 만들면 아예 작동하지 않을 가능성이 크지요. 따라서 성능이 좋은 엔진을 만들

과학자의 비밀노트

정역학

정적 평형 상태에 있는 계를 다루는 물리학의 한 분야이다. 동역학에 상대되는 학문이다. 부분과 그 부분들로 이루어진 전체 구조가 외력의 작용 하에서 균형을 이룬 상태, 즉 정적 평형 상태를 다룬다. 정적 평형 상태에 놓여 있을 때는 알짜힘이 0이어서 정지해 있거나 그 질량 중심이 일정한 속도로 움직인다. 실생활에서는 건축 구조물을 분석하는 건축학이나 구조 공학에서 많이 사용된다.

려면 모든 부품의 크기를 새로운 엔진에 알맞도록 새로 설계해야 해요. 좋은 엔진을 만드는 일이 어려운 것은 엔진이 비선형 동역학계이기 때문이에요.

날씨를 만들어 내는 대기도 하나의 커다란 동역학계라고 할 수 있어요. 날씨에 영향을 주는 요소는 많아요. 태양에서 공급되는 에너지, 온도 및 기압 분포, 습도 등이 모두 날씨 변화에 영향을 주지요. 이 중에 한 요소가 변하면 이 변화가 다른 요소에 영향을 주어 전혀 예상치 못한 변화를 만들어 내지요. 날씨를 예측하기 힘든 이유는 바로 이 때문이에요. 비선형 동역학계에서는 하나의 변화가 어떤 결과를 가져올지 예측하기 힘들거든요.

그동안 물리학자들은 비선형 동역학계가 어떻게 변화해 가는지를 예측하기 위해 많은 노력을 해왔어요. 원래 비선형 동역학계를 다루는 방정식은 매우 복잡해서 쉽게 답을 구할 수 없는 경우가 많아요. 물리학자들은 수학을 풀어서 답을 내야 앞으로 어떤 일이 일어날지를 예측할 수 있는 사람들이에요. 수학이 없으면 아무것도 할 수 없지요. 그러나 어떤 운동을 나타내는 수학이 있다고 해도 답을 구할 수 없으면 수학이 없는 거나 마찬가지 아닐까요?

자연의 변화를 나타내는 방정식 중에는 쉽게 풀 수 없는 문제가 많아요. 물리학자들은 풀리지 않는 문제가 있으면 문제를 조금 고쳐 풀리는 문제로 바꾸어서 답을 구해요. 문제를 조금 고쳤으니까 고친 문제의 답과 원래 문제의 답이 큰 차이가 없을 것이라고 생각하는 것이지요. 이런 방법으로 물리학자들은 많은 문제들을 해결해 왔어요. 풀기 어려운 비선형 동역학의 문제를 정면 돌파하는 대신 빙 돌아간 셈이지요.

이렇게 할 수밖에 없었던 까닭은 비선형 동역학의 문제가 그만큼 다루기 어렵기 때문이에요. 결과가 항상 어떤 요소에 비례하기만 한다면 얼마나 좋겠어요. 때로는 제곱이나 세제곱에 비례하고, 때로는 이보다도 훨씬 더 복잡한 함숫값에 비례하니까 문제가 생기는 거지요.

이제 비선형 동역학계가 무엇인지 설명되었나요? 나는 가능하면 비선형 동역학 같은 생소한 용어를 사용하지 않고 카오스 과학을 설명하려고 했어요. 하지만 어렵다고 피해가다 보면 카오스 과학을 제대로 설명할 수 없겠다는 생각이 들었어요. 그리고 사실 조금만 생각해 보면 이해하지 못할 만큼 그다지 어려운 이야기도 아니거든요.

여러 학생들은 이제 비선형 동역학계가 어떤 것인지 알았으니 다음 시간에는 여러분이 기다리는 나비 효과 이야기를 해 볼게요.

만화로 본문 읽기

와, 저 오빠 봐! 완전 멋지다.
흥!

나도 그 형처럼 키도 커지고, 몸집도 커질 테야.
오늘부터 뭐든 2배로 먹어야지!

너… 뭘 그렇게 많이 먹니?
두 배로 먹으면 두 배로 빨리 자랄 것 같아서!

아이고 배야!
그럼 그렇지. 그렇게 많이 먹는다고 많이 자랄 줄 아니?

인간의 성장에는 유전적 형질, 적당한 운동과 휴식, 충분한 영양소의 공급, 자라는 환경 등 수많은 요소들이 영향을 준답니다. 단순히 두 배로 먹는다고 두 배로 자라는 것은 아니에요.

그렇죠. 여자의 마음도 비선형 동역학계죠.
얼굴이 잘생기고, 키만 크다고 다 마음에 드는 건 아냐.
카… 카오스 과학인가요?

세 번째 수업 3

나비 효과

나비 효과라는 용어는 카오스 과학에서 처음 쓰이기 시작했습니다.
나비 효과의 정확한 의미에 대하여 알아봅시다.

3

세 번째 수업

나비 효과

교과연계.

초등 과학 3-1	4. 날씨와 우리 생활
초등 과학 6-2	2. 일기 예보
고등 지학 Ⅰ	2. 살아 있는 지구
고등 지학 Ⅱ	2. 대기의 운동과 순환

로렌츠가 커다란 나비 모형을 들고 와서 세 번째 수업을 시작했다.

비선형 방정식의 해

로렌츠 교수는 커다란 나비 모형에 부착된 스위치를 켜고 공중으로 날렸다. 그러자 모형 나비가 날개를 펄럭이며 교실을 이리저리 날다가 바닥에 떨어졌다. 그것을 본 학생들은 일제히 박수를 치며 탄성을 질렀다.

여러분, 오늘이 벌써 세 번째 수업이로군요. 지난 시간에 우리는 비선형 동역학계가 어떤 것인지에 대해 공부했어요.

카오스 과학을 이해하기 위해서는 비선형 동역학계가 어떤 것인지 알아야 한다고 강조했던 기억이 나는군요. 그런데 비선형 동역학계를 제대로 이해하려면 나비 효과를 알아야 해요. 비선형 동역학계에서 일어나는 일들의 성질을 가장 잘 설명해 주는 것이 바로 나비 효과이기 때문이지요.

나비 효과를 본격적으로 설명하기 전에 우선 비선형 동역학계에 대해 복습해 볼까요? 자연계에서는 여러 가지 현상이 일어나고 있어요. 자연계에서 일어나는 어떤 현상을 결과라고 할 때 이런 결과를 가져오게 한 많은 원인이 있을 거예요. 이 원인과 결과가 비례 관계에 있을 때 그런 체계를 선형계라 한다고 했어요.

이에 반해 원인과 결과 사이의 관계가 매우 복잡한 함수로 나타날 때 그런 체계를 비선형계라고 부른다고 했어요. 선형계에서 일어나는 일은 예측하기가 비교적 쉬워요. 그러나 비선형계에서 일어나는 일은 원인을 안다고 해도 결과를 예측하는 것이 쉽지 않다고 했던 것을 기억하고 있을 거예요.

그래서 물리학자들은 비선형계에서 일어나는 일을 예측하기 위해 비선형계와 아주 비슷한 선형계를 가정하고 이 계에서 일어나는 일과 비슷한 일이 비선형계에서 일어날 것이라고 가정해 왔다고 했어요. 나비 효과는 물리학자들이 오랫동안 이용해 온 그런 방법이 옳지 않다는 것을 설명해 주는 효과라고 할 수 있어요.

물리학자가 미래를 예측하기 위해 사용하는 도구는 수학이에요. 물리학자는 현재 상태를 방정식에 대입한 후 방정식을 풀어서 그 결과를 가지고 미래에 어떤 일이 일어날지를 예측합니다. 만약 자연법칙을 나타내는 방정식이 정확하고, 이 방정식의 답을 정확하게 구했다면 미래에 어떤 일이 일어날지를 정확하게 예측할 수 있을 것이에요.

그러나 자연법칙을 나타내는 방정식이 너무 복잡해 답을 구할 수 없는 경우에는 미래를 예측할 수 없게 됩니다. 비선형 동역학계에서 일어나는 일을 나타내는 방정식은 대부분 복잡한 비선형 방정식으로 나타나게 마련이에요. 그래서 비

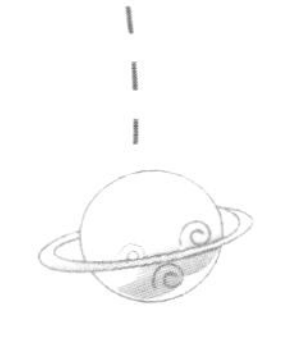

선형 동역학계에서는 어떤 일이 일어날지를 예측하는 것이 어려운 거지요.

그런데 컴퓨터가 발전하면서 예전에는 가능하지 않았던 일이 가능해졌어요. 컴퓨터가 없을 때는 방정식을 풀 수 없는 경우, 그와 비슷한 다른 방정식을 만들어 풀어 보고 실제 방정식의 답을 예측하는 수밖에는 다른 방법이 없었어요. 오랫동안 과학자들은 그런 방법에 별다른 의문을 품지 않았어요. 그들은 이런 방법으로 자연에서 일어나는 일들을 아주 잘 설명할 수 있다고 생각했지요.

그런데 컴퓨터가 발전하자 예전에는 풀 수 없었던 비선형

과학자의 비밀노트

컴퓨터의 역사

최초의 컴퓨터는 1946년 미국 펜실베이니아 대학교의 모클리(John William Mauchly, 1907~1980) 교수와 에커트(John Presper Eckert, 1919~1995) 교수가 공동으로 설계한 에니악(ENIAC)이다. 약 1만 8,000개의 진공관과 1,500개의 릴레이 등이 사용되었다. 무게는 약 30t에 이를 정도로 거대하였고, 소요 전력은 150kW나 되었다.

세계 최초의 상용 컴퓨터는 1951년에 미국의 전자업체 스페리가 개발한 유니박(UNIVAC)이다. 1970년대 말부터는 오늘날의 개인용 컴퓨터(PC, Personal Computer)가 보편화되기 시작했다. 1990년 이후로는 18개월에서 24개월을 주기로 성능이 2배나 향상되는 급속한 발전이 있었다.

방정식의 답을 구할 수 있게 되었어요. 컴퓨터로 풀어낸 답이 100% 정확한 답은 아니었지만 정답에 근사한 답을 구할 수 있게 된 것이지요. 이런 방법을 수치 해석법이라고 불러요. 컴퓨터는 아주 많은 계산을 간단히 해치울 수 있는 능력이 있어요. 그래서 아주 많은 반복 계산을 통해 원하는 답을 찾아내도록 하는 방법이 수치 해석법이지요.

이 새로운 방법을 사용하여 과학자들은 풀리지 않았던 방정식의 답을 구해 냈고, 이를 통해 예전에 알지 못했던 새로운 사실을 많이 알아냈습니다. 내가 발견해 낸 나비 효과도 그중의 하나예요.

날씨 모델과 초기 조건의 민감성

1961년에 나는 미국 MIT 기상학과의 교수로 근무하고 있었어요. 그때 날씨 변화를 설명할 수 있는 날씨 모델을 만들고 있었지요.

날씨에 영향을 주는 요소는 아주 많아요. 따라서 날씨 변화를 반영하는 모델을 만들려면 아주 많은 변수들을 가지고 있는 복잡한 모델을 만들어야 해요. 처음에 내가 만든 날씨 모델은 12개나 되는 변수를 가진 복잡한 모델이었어요. 나의 목적은 날씨에 불규칙한 변화가 생기는 원인을 찾아내는 것이었어요.

자연법칙은 시간이나 장소에 따라 변하는 것이 아니에요. 이렇게 절대로 변하지 않는 자연법칙이 어떻게 날씨와 같이 불규칙하게 변해 가는 복잡한 현상을 만들어 내는지를 알고 싶었지요. 그러나 많은 변수를 가진 여러 개의 방정식들로 이루어진 모델로는 어떤 일이 일어날지를 설명하는 것이 쉽지 않았어요. 그래서 나는 날씨 변화에 큰 영향을 미칠 것으로 생각하는 3가지 변수만을 가진 비교적 간단한 모델을 생각해 냈어요.

다시 말해 날씨 변화가 3가지 변수에 영향을 받는다고 가정하고, 이 3가지 변수들이 서로 영향을 주면서 날씨의 변화를 만들어 내는 모델이었지요.

따라서 이 모델은 실제의 날씨 변화를 나타내는 것은 아니었지만, 이 모델을 이용하여 불규칙하게 변해 가는 날씨를 만들어 낼 수 있다면 불규칙한 날씨의 변화에 대해 설명할 수 있을 것이라고 생각했어요.

__ 모델을 만든다는 것이 어떤 작업이죠?

아, 그걸 설명하지 않았군요. 우리가 자동차 모델을 만든다고 할 때는 자동차와 똑같은 구조를 가진 물체를 만드는 거예요. 아파트 모델 하우스는 아파트와 똑같은 구조를 가지는, 보여 주기 위한 모형 아파트예요. 모델은 아파트 모델 하우스처럼 실제의 크기와 같게 만들 수도 있지만, 실제보다 작게 만들 수도 있고 크게 만들 수도 있지요.

커다란 건물의 모델을 만들 때는 실제보다 작게 만드는 것이 일반적이지요. 그러나 원자와 같이 아주 작은 물체의 모델을 만들 때는 실제보다 훨씬 크게 만들지요. 모델은 모형인 셈이에요.

어떤 기상학자들은 날씨를 연구하기 위해 지구의 대기와 비슷한 모델을 만들어 놓고 어떤 변화가 일어나는지 알아보지요.

예를 들어 둥근 통을 만들어 그 안에 액체나 기체를 넣고 빙글빙글 돌리면서 한쪽을 가열할 때 공기나 액체가 어떻게 움직이는지를 보는 일이지요. 이런 것은 날씨 모델 또는 날씨 모형이라고 부를 수 있어요.

그러나 내가 만든 날씨 모델은 어떤 형체를 가진 것이 아니었어요. 그것은 3가지 변수와 3개의 상수로 이루어진 3개의 방정식이었어요. 날씨가 이 3개의 방정식에 의해 변해 간다고 보았기 때문에 이 방정식을 날씨 모델이라 부르는 거예요. 형체가 없는 방정식을 모형이라 부르는 것이 조금 어색하지요? 그래서 모형이라고 부르지 않고 모델이라고 부르는 거예요.

과학자들은 복잡한 자연 현상을 설명하기 위해 이렇게 간단한 모델을 만들어 어떤 일이 일어나는지 실험해 보는 것을 좋아하지요. 복잡한 현상을 이해하기 위해서는 우선 간단한 모델을 만들어 수학적으로 분석하고, 거기에다 새로운 변수를 하나씩 더해 가면서 어떤 변화가 나타나는지를 알아보는 것이 좋은 방법이거든요.

예를 들어, 날씨가 온도와 습도에만 영향을 받는다고 가정한 날씨 모델을 만들어 날씨의 변화를 예측한 후 거기에 기압, 바람의 방향과 속도 같은 다른 변수를 더해 가면서 그것들이 어떤 영향을 주는지 알아보는 것이지요.

그래서 나는 우선 날씨가 3가지 변수에만 영향을 받는다고 가정한 간단한 날씨 모델을 만들었어요.

__ 그럼 로렌츠 교수님이 날씨 모델에 사용한 3가지 변수는 무엇인가요?

아, 조금 설명하기 어려운 질문이로군요. 날씨에 영향을 주는 변수라면 보통 온도, 습도, 공기의 움직임 같은 것을 생각할 거예요. 그러나 내가 선택한 변수는 이와 조금 달랐어요. 나는 날씨는 기본적으로 공기의 흐름 때문에 만들어진다고 보았어요. 그리고 공기의 흐름은 공기의 온도 차가 만들어 내는 대류에 의해 일어난다고 보았지요. 따라서 3가지 변수

는 대류에 의한 공기의 흐름과 관계된 것들이었어요.

우선 공기 흐름의 빠르기와 관계된 양이 첫 번째 변수였고, 다음에는 하강하는 기류와 상승하는 공기의 온도 차와 관계된 양이 두 번째 변수였으며, 그리고 세 번째는 공기의 온도가 높이에 따라 어떻게 변하는지를 나타내는 양과 관계된 변수였어요.

온도, 습도, 기압과 같이 우리에게 익숙한 양들이 아니어서 미안해요. 그러나 이 3가지 변수 때문에 이야기를 어렵게 생각할 필요는 없어요. 이 변수들을 잘 몰라도 이해하는 데는 아무 문제가 되지 않거든요.

많은 책에서 나의 날씨 모델 이야기를 다루지만, 내가 선택했던 3가지 변수가 무엇이었는지를 설명하는 내용은 대부분 생략하고 있더군요. 그것은 이 변수들이 무엇이었는지는 그다지 중요하지 않다는 뜻이지요.

내가 만든 날씨 모델이 3가지 변수만으로 된 간단한 모델이라고 해도 그것을 방정식으로 만들어 푸는 것은 쉬운 일이 아니었어요. 3가지 요소가 서로 영향을 주기 때문에 변화를 나타내는 방정식은 답을 구하기 힘든 비선형 방정식이 되기 때문이지요. 앞에서 이야기한 대로 비선형 방정식은 대부분 답을 구할 수 없어요. 그렇게 되면 나의 날씨 모델도 아무 쓸

모가 없게 되지요.

그래서 컴퓨터를 사용해서 답을 구해 보기로 했어요. 모두 집에 컴퓨터가 있지요? 학교의 전산실에도 컴퓨터가 많이 있는 것을 보았어요. 학생들은 컴퓨터로 무엇을 하나요? 아마 게임이나 숙제를 하고, 인터넷으로 자료를 찾아보기도 할 거예요.

하지만 컴퓨터로 과학 실험을 하거나 어려운 수학 문제를 푸는 일을 하는 학생은 드물 거예요. 여러분이 집이나 학교에서 사용하는 컴퓨터는 그런 일들을 하기에 성능이 너무 떨어진다고 생각하지 않나요?

믿기 어렵겠지만 1961년에 내가 사용한 컴퓨터는 여러분이 사용하는 컴퓨터와 비교도 할 수 없을 정도로 성능이 나빴어요. '로열 맥비' 라고 불렀던 이 컴퓨터는 크기가 커다란 책상만 했지만, 계산 결과를 한 줄 인쇄하는 데 10초나 걸렸지요.

그때는 현재 컴퓨터에 사용하는 것과 같은 모니터도 없어서 계산 결과를 보려면 일일이 프린트를 해서 보아야 했지요. 이 컴퓨터로 조금 복잡한 계산을 하려면 몇 시간씩 걸리기 일쑤였지요. 그러나 당시에는 그런 컴퓨터를 사용할 수 있다는 것만으로도 대단한 일이라고 생각했어요. 나는 이 컴

과학자의 비밀노트

로열 맥비(Royal McBee)

미국의 세계적인 타자기 업체 로열 타이프라이트(Royal Typewriter)에서 판매한 컴퓨터의 상품명이다. 카오스 이론의 제창자 로렌츠가 이 컴퓨터로 카오스 과학을 연구한 것으로 유명하다.

퓨터를 이용하여 내가 만든 날씨 모델을 분석하는 작업을 시작했어요.

컴퓨터로 어려운 계산을 계속 반복하는 거예요. 따라서 시간이 많이 걸릴 수밖에 없지요. 요즘같이 성능이 좋은 컴퓨터를 사용해도 많은 시간이 걸리는데, 당시의 초보적인 컴퓨

터로는 얼마나 많이 걸렸겠어요? 어떤 때는 컴퓨터에 계산을 시켜 놓고 퇴근했다가 다음 날 출근해 보면 아직도 계산을 하고 있어요. 하지만 그때는 컴퓨터가 느리다고 답답해하지 않았어요. 대신 밤새워 어려운 계산을 하고 있는 컴퓨터가 신기하기도 하고 고맙기도 했지요.

어느 날 나는 나의 날씨 모델에 몇몇 값을 대입하여 컴퓨터로 계산했어요. 계산이 길어졌기 때문에 옆방에 가서 다른 교수님과 이야기를 하다가 돌아와서 계산 결과를 확인했어요. 그때까지도 컴퓨터는 열심히 계산하고 있었어요. 계산 결과는 쉴 새 없이 프린터로 인쇄되어 나와 바닥에 쌓여 있었지요. 나는 인쇄된 종이를 집어 들고 계산 결과를 확인했어요.

내가 사용했던 날씨 모델에는 3가지 변수와 함께 지구 대기의 성질을 나타내는 3가지 상수가 들어 있었어요. 이 3가지 상수가 다른 값을 가지면 다른 형태의 날씨가 나타나는 것이지요.

내가 연구했던 내용은 이 상수들이 어떤 값을 가질 때 불규칙한 날씨의 변화가 만들어지는지를 알아보는 것이었지요. 나는 상수에 여러 가지 다른 값을 대입해 가면서 변수들이 어떻게 변해 가는지를 살펴보았지요.

컴퓨터로 계산한 결과를 다시 방정식에 대입하여 다음 계

산을 하고, 그 결과를 가지고 다시 그다음 계산을 하는 식으로 답을 찾아 나가는 수치 대입법으로 작업을 했지요. 이것은 복잡한 반복 계산을 쉽게 할 수 있는 컴퓨터로만 할 수 있는 작업이었어요.

하루는 컴퓨터의 계산을 정지시키고 결과를 살펴본 다음 정지시킨 곳에서부터 다시 계산을 하도록 했어요. 중간부터 계산을 다시 하도록 하기 위해서 컴퓨터에 0.506이라는 숫자를 입력했어요. 그리고 계산을 계속 진행시켰는데, 그 결과는 예전에 계산했던 값과 전혀 다른 결과가 나온 거예요. 전에도 비슷한 계산을 여러 번 했기 때문에 어떤 값이 나와야 하는지 대략 짐작하고 있었거든요. 하지만 컴퓨터는 전혀 다른 계산 결과를 내놨어요.

나는 무엇이 잘못되었는지 알아보기 위해 계산을 중단시키고 계산식을 확인해 보았지만 아무런 잘못도 발견할 수 없었어요.

한참을 고민한 후에 이런 일이 발생한 원인은 컴퓨터에 입력시킨 값에 있다는 것을 알게 되었어요. 중간까지 컴퓨터가 계산한 실제 값은 0.506127이었던 거예요. 그런데 종이를 아끼기 위해 종이에는 소수 셋째 자리까지만 인쇄되도록 해 놨었거든요. 따라서 인쇄물에는 0.506127 대신 0.506만 나타나

있었던 것이지요.

그때 나는 소수점 아래 셋째 자리 이하는 아주 작은 값이어서 큰 문제가 될 것으로 생각하지 않았기 때문에 아무 생각 없이 0.506을 입력했던 것이지요. 그때까지도 비선형 방정식이 가지고 있는 아주 중요한 성질을 잘 모르고 있었기 때문에 그런 실수를 한 것이었어요. 그러나 이 실수가 엄청난 사실을 발견하게 될 줄 누가 알았겠어요.

0.506과 0.506127은 아주 작은 차이밖에 나지 않아 몇 번의 계산에서는 결과에 큰 차이가 나지 않아요. 하지만 수없이 많은 계산을 반복하다 보니까 최종 결과는 아주 큰 차이가 나게 되었어요. 이런 일이 일어나는 이유는 비선형 방정식이

가지고 있는 독특한 성질 때문이었어요.

비선형 방정식은 처음 값을 조금만 다르게 대입해도 시간이 흐르면 전혀 다른 결과를 가져오는 성질을 가지고 있었던 거예요.

이것을 조금 더 쉽게 설명해 볼까요?

예를 들어, 다음 값이 처음 값에 비례하는 선형 관계일 때는 처음 값을 아주 조금 변화시키면 결과도 조금밖에 변하지 않아요. 다음 값이 처음 값의 2배가 되는 계산을 반복하는 경우를 예로 들어 볼까요?

최초의 값이 2일 때와 2.1, 2.2일 때, 이 값을 2배로 하는 계산을 4번 한 결과는 각각 32, 33.6, 그리고 39.2예요. 처음 값이 0.2 다른 경우 결과는 7.2가 달라졌어요. 이것도 작은 차이라고는 할 수 없을지도 몰라요. 그러나 처음 값을 제곱하여 다음 값을 얻는 계산을 하는 경우에 비하면 변화가 아주 작다고 할 수 있지요.

x_0	$x_1=2x_0$	$x_2=2x_1$	$x_3=2x_2$	$x_4=2x_3$
2	4	8	16	32
2.1	4.2	8.4	16.8	33.6
2.2	4.4	8.8	19.6	39.2

그러면 이제 처음 값을 제곱하여 다음 값을 얻는 계산을 4번 반복한 경우에 어떤 값이 나타나는지 알아볼까요?

x_0	$x_1=x_0^2$	$x_2=x_1^2$	$x_3=x_2^2$	$x_4=x_3^2$
2	4	16	256	65,536
2.1	4.41	19.44	378.22	143,056.86
2.2	4.84	23.42	548.76	301,136.15

처음 값이 2에서 2.2로 겨우 0.2 달라졌는데 제곱을 4번 한 결과는 65,536에서 301,136으로 변했어요. 더구나 이런 계산을 반복해서 수십 번 또는 수만 번 한다고 생각해 보세요. 그 차이는 엄청나게 커지겠지요.

이것은 비선형 방정식으로 나타내는 계에서는 초기 조건이 조금만 달라도 결과가 전혀 달라질 수 있다는 것을 뜻하지요.

예를 들어, 내일의 날씨를 결정하는 데 오늘의 온도가 중요한 구실을 한다고 할 때 오늘의 온도가 조금만 달라도 내일의 날씨는 전혀 달라질 수 있다는 거예요.

이렇게 해서 내가 찾고자 하던 것을 얻었어요. 나는 불규칙한 날씨를 만드는 원인을 찾아내기 위해 연구를 하고 있었는데, 이제 그 원인이 날씨를 만드는 대기가 비선형 동역학계

이기 때문이라는 사실을 알아낸 것이지요. 그리고 그것은 왜 날씨의 변화를 예측하는 일이 그렇게 어려운지를 설명해 주었지요.

나는 비선형 방정식으로 나타낼 수 있는 비선형 동역학계의 이런 성질 때문에 미래에 어떤 일이 일어날지를 예측하는 것이 어렵다는 사실을 알게 되었어요. 이것을 초기 조건의 민감성이라고 해요. 결과가 초기 조건에 따라 아주 민감하게 달라진다는 뜻이지요.

날씨 현상이 일어나는 대류권은 대표적인 비선형 동역학계라고 했던 것을 기억하고 있을 거예요. 따라서 대류권에서도 초기 조건의 민감성은 나타나게 마련이지요. 그러므로 내일의 날씨를 예측하기 위해서는 오늘의 날씨 정보를 아주 정확

하게 알고 있어야 해요. 조금만 잘못 알고 있어도 엉뚱한 결과가 나타날 수 있기 때문이지요.

그런데 오늘의 날씨 정보를 정확하게 알고 있어야 한다는 것은 무슨 뜻일까요? 지구 전체의 온도와 기압, 습도의 분포를 1m 간격으로 자세하게 알고 있으면 될까요? 아니면 1cm 간격으로 알고 있어야 할까요? 그런데 그런 것을 알 수 있는 방법이 있을까요?

그런 것을 알기 위해서는 전 세계에 있는 나비와 잠자리가 날개를 펄럭이면서 공기를 어떻게 휘저어 놓는지도 알아야 하지 않을까요? 그런 사실까지 알아야 날씨를 예측할 수 있다는 것은 결국 날씨를 정확하게 예측하는 일이 불가능하다는 뜻이에요. 그러니까 비선형 방정식으로 나타낼 수 있는 비선형 동역학계에서는 초기 조건의 민감성으로 장기간에 걸친 정확한 미래 예측이 가능하지 않다는 점을 알게 된 것이지요.

나비 효과

'초기 조건의 작은 변화가 결과에 큰 차이를 가져온다' 는 초기 조건의 민감성을 나비 효과라고 부르게 된 데에는 재미

난 일화가 있어요. 사실 나비 효과라는 말은 아주 오래전부터 사용되었어요. 1800년대 말과 1900대 초에 발표된 소설에서 이미 나비의 작은 날갯짓이 큰 변화를 가져올 수 있다는 의미로 나비 효과라는 말이 사용되었어요. 1952년에 출판된 시간 여행을 다룬 소설에서도 같은 의미로 나비 효과라는 말이 사용되었다고 하더군요.

사실 나는 그 소설을 읽어 보지 못해 소설에서 정확하게 어떤 의미로 나비 효과라는 말이 사용되었는지는 잘 모릅니다. 그런데 나비 효과라는 말을 세상 모든 사람들이 사용하도록 널리 알린 사람은 바로 나라고 할 수 있지요.

나는 비선형 방정식으로 나타내지는 계에서의 변화는 초기 조건의 작은 차이가 큰 차이의 결과를 만들어 낼 수 있다는 내용을 담은 논문을 1963년에 발표했어요. 논문 제목은 〈결정적인 비주기적 흐름〉이라고 붙였지요. 이 논문에 대해서는 앞에서 이야기했던 것을 아직 기억하고 있을 거예요.

논문에는 "만약 이 이론이 옳다면 갈매기의 작은 날갯짓이 날씨를 영원히 바꿔 놓을 수도 있다."라는 말이 들어 있었어요. 그 후의 강의와 연설에서는 갈매기 대신 나비라는 말을 사용했어요. 갈매기를 나비로 바꾼 데는 별다른 이유가 있었던 것은 아니에요. 나비가 더욱 그럴듯해 보였으니까요.

그런데 1972년에 열렸던 미국 과학 협회에서 내가 강의를 하도록 되어 있었는데 강의 직전까지도 강의 제목을 정하지 못하고 있었어요. 그때 한 동료가 강의 제목을 "브라질에 있는 나비의 날갯짓이 텍사스에 태풍을 몰고 올 수 있을까?"라고 하면 어떻겠느냐고 제안했어요. 나도 그 제목이 마음에 들었어요. 그때만 해도 나는 이 말이 후에 그렇게 유명한 말이 되리라곤 생각하지 못했지요.

이 말은 비선형 방정식으로 나타내지는 비선형 동역학계의 초기 조건의 민감성을 가장 잘 표현하는 말이 되어 많은 사람들의 입에 오르내리게 되었어요.

사람들은 이 말을 조금씩 고쳐서 다르게 표현했지요. 어떤 사람은 "미국 뉴욕에 있는 센트럴파크의 나비의 날갯짓이 중

국에 태풍을 가져올 수 있겠는가?", "중국에 있는 나비의 날갯짓이 미국에 태풍을 가져올 수 있겠는가?"라고 말하기도 했어요. 나비가 있는 곳과 태풍이 부는 곳은 말하는 사람들에 따라 달라졌지만 나비의 날갯짓과 태풍은 그대로 있었지요.

나비의 날갯짓은 작은 변화를 나타내고 태풍은 커다란 결과를 의미하거든요. 이것은 나비의 날갯짓이 곧바로 태풍을 만들어 낸다는 의미는 아니에요. 나비의 날갯짓이 만들어 낸 공기의 흔들림이 연쇄 작용을 하다 보면 태풍이 될 수도 있다는 것이지요.

반대로 나비의 날갯짓 때문에 불어와야 할 태풍이 불지 않을 수도 있다는 거지요. 물론 초기 조건의 작은 차이가 그냥 사라져 버릴 수도 있고, 반면에 태풍처럼 큰 변화를 가져올 수도 있어요. 이것이 비선형 동역학계가 가지고 있는 나비 효과예요.

인간 사회에도 나비 효과가 있다

나비 효과는 자연계에서만 나타나는 것이 아니에요. 사람들이 모여서 이루어진 사회도 대표적인 비선형계라고 할 수 있지요. 다만 인간 사회는 자연계와 달리 방정식을 이용하여 변화를 나타내기는 매우 어렵지요. 방정식으로 나타내는 것이 어렵다고 해도 인간 사회가 비선형계인 것만은 틀림없어요. 왜냐하면 인간 사회에는 자연계보다도 나비 효과가 더 확실하게 나타나기 때문이지요.

우리가 일상생활에서 하는 작은 행동이 후에 큰 변화를 가져오는 경우를 자주 볼 수 있어요. 예를 들면, 학생이 2배 더 열심히 하면 2배 더 공부 잘하는 것이 아니라 그보다 훨씬 더 잘하는 경우가 많거든요. 마찬가지로 2배 더 일하면 2배 더 잘사는 것이 아니라 몇 십 배 더 잘사는 것도 자주 볼 수 있어요. 돈을 2배 더 벌면 2배 더 즐거운 것이 아니라 10배 더 즐거울 수 있지요. 물론 돈은 2배 더 벌었는데 0.5배만 더 즐거울 수도 있겠지만요. 이런 것은 모두 우리의 심리 상태가 선형적이지 않다는 것을 나타내요.

우리는 나의 작은 행동이 전체 사회와 국가에 중요하게 작용하지 않을 거라고 생각하며 대수롭지 않게 행동하는 경우가 많아요. 그러나 우리 사회는 비선형계이기 때문에 나의 작은 행동이 나라 전체를 바꾸어 놓을 수도 있어요. 실제 사회에서 일어나는 커다란 변화들은 아주 작은 일이 계기가 되는 경우가 많아요.

나비 효과는 자연계에서 일어나는 변화뿐만 아니라 이렇게 우리 주위에서 일어나는 일들도 설명할 수 있는 중요한 이론이 되었답니다. 과학 이야기가 어느새 윤리 강연이 된 것 같군요.

로렌츠 교수는 교탁 위에 내려놓았던 나비 모형을 집어 들었다.

내가 초기 조건의 민감성을 이야기하기 위해 처음에는 갈매기를 예로 들다가 나비로 바꾸게 되었다는 이야기를 했지요? 내가 왜 갈매기보다 나비를 선택하게 되었을까요?

__ 나비가 갈매기보다 작기 때문이 아닌가요?

아주 잘 말해 주었어요. 사실 갈매기나 나비나 날개를 퍼덕이며 공기를 휘저어 놓는다는 점에서는 크게 다를 것이 없어요. 다만 나비의 날갯짓이 만들어 내는 공기의 흐름이 갈매기의 날갯짓에 의해 만들어지는 공기의 흐름보다 훨씬 더 작을 거예요.

그러니까 나비와 같이 연약한 곤충의 날갯짓이 만들어 내는 공기의 작은 흔들림이 태풍과 같은 거대한 공기의 소용돌이를 만들 수도 있다는 이야기가 힘찬 갈매기의 날갯짓에 비유하는 것보다 더 설득력이 있어 보이거든요.

핵심은 갈매기냐 나비냐가 아니라 작은 변화가 커다란 결과를 가져올 수도 있다는 것을 나타내는 것이에요. 여러분의 작은 행동 하나하나, 그리고 말 하나하나가 자신의 인생을 완전히 바꾸어 놓을 수도 있다는 것을 나비 효과를 통해 배울 수 있으면 좋겠어요.

오늘 내가 가지고 온 이 나비 모형은 실제 나비보다 너무 커서 나비 효과를 나타내기에 적당하지 않겠군요. 나비의 날갯짓은 작아야 하고 그 결과는 커야 제대로 된 나비 효과라고 할 수 있어요. 오늘 수업은 여기까지 하겠습니다.

만화로 본문 읽기

아! 할머니, 제가 도와드릴게요!
…!
에고
응? 아이고 고마워라!

흠….
끙끙

아차, 나도 할아버지를 도와드려야지.
턱
아이고, 학생, 고마워요.

이제부터는 나도 어른들을 공경해야겠어!

난 오늘 봉사 활동 하러 가야지.
후다닥
할머니, 제가 도와드릴게요.

윤호의 작은 행동이 동네를 바꾸었어요! 이것이 바로 사회에서 일어나는 '나비 효과'이지요.
어른을 잘 모시는 동네

네 번째 수업 4

주기적 운동과 비주기적 운동

로렌츠의 물레방아를 통해서
주기적 운동과 비주기적 운동의 차이점을 알아봅시다.

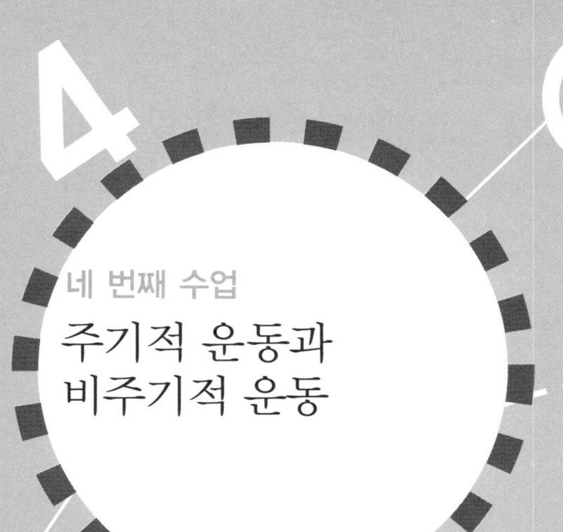

4

네 번째 수업

주기적 운동과 비주기적 운동

교. 과. 연. 계.		
	초등 과학 5-1	4. 물체의 속력
	중등 과학 1	7. 힘과 운동
	중등 과학 2	1. 여러 가지 운동
	중등 과학 3	2. 일과 에너지
	고등 물리 I	1. 힘과 에너지
	고등 물리 II	1. 운동과 에너지

로렌츠가 물레방아를 교탁 위에 놓으며 네 번째 수업을 시작했다.

로렌츠의 물레방아

로렌츠 교수가 오늘은 여러 개의 물통이 달린 물레방아를 들고 교실로 들어왔다. 로렌츠 교수 뒤를 따라 두 사람이 호스가 달려 있는 물탱크와 커다란 대야를 놓고 나갔다. 교탁 위에 물레방아를 얹어 놓은 로렌츠 교수는 학생들에게 가까이 와서 물레방아를 자세히 살펴보게 했다. 학생들이 우르르 몰려 나가 물레방아를 살펴보는 바람에 교실이 잠시 어수선해졌다. 학생들이 다시 제자리로 돌아가 앉자 로렌츠 교수는 수업을 시작했다.

이렇게 생긴 물레방아를 본 적이 있는 학생이 있나요?

세 명의 학생이 예전에 본 적이 있다고 대답했다.

이런 물레방아를 본 적이 있다고요? 전혀 뜻밖인데요. 이 물레방아는 내 이름을 따서 로렌츠의 물레방아라고 부르는데, 실제로 사용하는 물레방아가 아니라 카오스 현상을 설명하기 위해 고안된 물레방아거든요. 그런데 세 명이나 이 물레방아를 본 적이 있다니 깜짝 놀랐어요. 학생들은 이런 물레방아를 어디에서 보았나요?

__ 과학관의 물리 전시관에서 보았어요.

아, 그렇군요. 수업이 끝난 후에 나도 과학관에 가서 로렌츠의 물레방아가 제대로 작동하고 있는지 확인해 봐야겠군요.

이 물레방아는 다른 물레방아와 다르게 생겼어요. 둥그렇게 생긴 원형 틀에 여러 개의 물통이 매달려 있어요. 그런데 재미있는 것은 물통 아래에 구멍이 뚫려 있어서 물을 부으면 물이 샌다는 점이에요.

그럼 내가 가지고 온 이 물레방아에 물을 부어 볼게요. 우선 커다란 대야에 물레방아를 내려놓고 위에서 물통에 물을 부어 보도록 하지요. 그러면 물의 무게로 물레방아가 돌아가겠지요? 자, 그럼 어느 방향으로 돌아가는지 잘 보세요.

로렌츠 교수는 호스를 이용해 물탱크에 있는 물을 물레방아에 매달려 있는 물통에 조금씩 흘러들어 가도록 했다. 그러나 물통으로 들

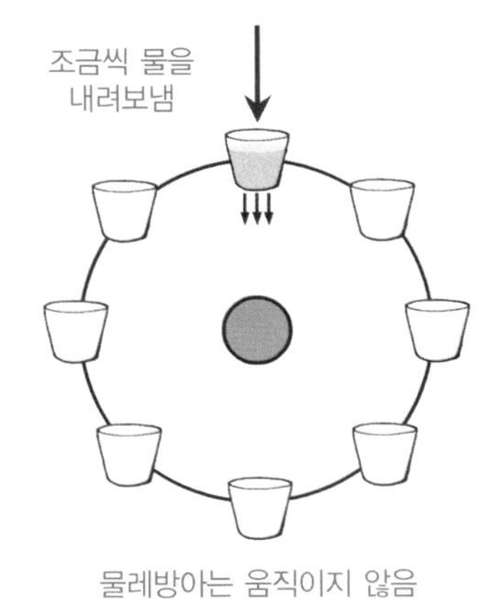

물레방아는 움직이지 않음

어간 물이 그대로 아래로 빠져 버려 물레방아는 어느 방향으로도 돌아가지 않았다.

어때요, 물을 아주 조금씩 내려보내면 물이 그대로 빠져 버려 물레방아가 돌아가지 않지요? 물이 조금 남아 있다고 해도 마찰력이 물에 의한 힘보다 크면 물레방아는 돌아가지 않지요. 이번에는 물을 조금 더 많이 내려보낼게요.

로렌츠 교수가 물탱크에 달려 있는 수도꼭지를 조금 열어 이번에는 더 많은 물이 물레방아로 흘러들어 가도록 했다. 그러자 물레방아가 왼쪽으로 돌기 시작했다.

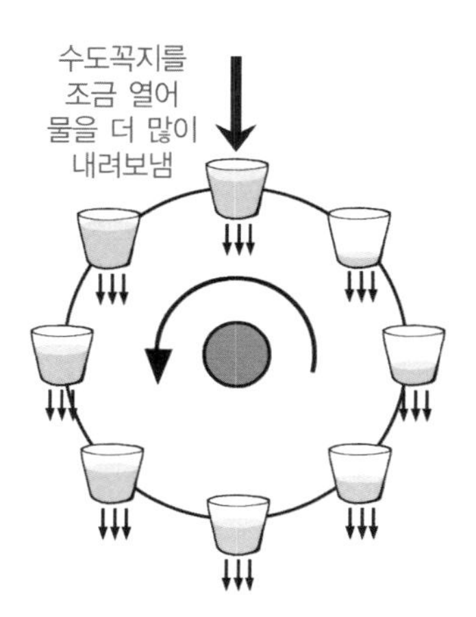

물레방아가 왼쪽으로 돌아감

물을 더 많이 흘러들어 가게 하니까 물레방아가 왼쪽으로 돌기 시작했지요? 같은 속도로 계속 물을 내려보내면 물레방아는 계속 같은 방향으로 돌 거예요. 물통으로 흘러들어 간 물이 물통의 가장 낮은 지점에 도달하기 전에 다 빠져 버리면 물레방아는 아무 방해를 받지 않고 한 방향으로 계속 돌아갈 거예요. 그러면 이번에는 더 많은 물을 내려보내면 어떻게 될까요?

로렌츠 교수는 수도꼭지를 더 열어 더 많은 물이 흘러들어 가도록 했다. 그러자 물레방아는 왼쪽으로 돌아가다가 다시 오른쪽으로 돌아가고, 또다시 왼쪽으로 돌아갔다.

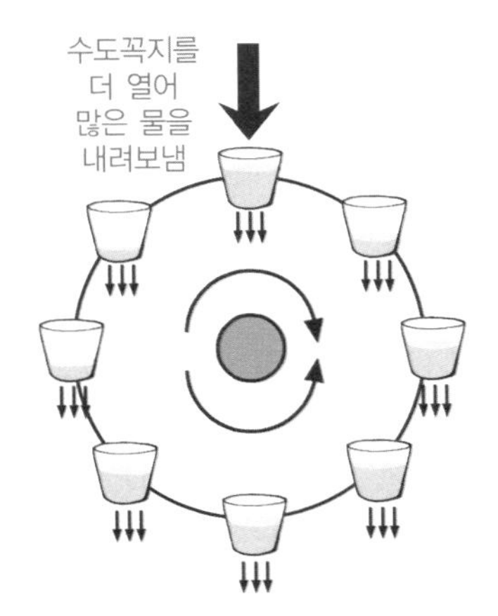

물레방아가 왼쪽, 오른쪽, 왼쪽으로 복잡하게 움직임

많은 물이 들어가니까 갑자기 물레방아가 방향을 잃었지요? 왼쪽으로 돌아가다가 다시 오른쪽으로 돌고, 오른쪽으로 돌다가 다시 왼쪽으로 돌아요. 물레방아가 빠르게 돌아가면 물통 속의 물이 채 다 빠지기 전에 물통이 가장 낮은 지점을 통과하게 돼요. 그러면 물통에 남은 물이 물레방아의 회전을 방해하게 되지요.

더구나 물레방아가 빠르게 돌면 물통이 빨리 지나가서 물통 속으로 들어가는 물의 양은 적어져요. 물통 속으로 들어가는 물의 양과 아래로 빠져나가는 물의 양이 물레방아의 회전을 도와주기도 하고 방해하기도 하면서 이런 복잡한 운동을 만들어 내는 거예요.

물레방아가 돌아가지 않고 가만히 서 있던지, 한쪽 방향으로만 돌면 물레방아의 미래 상태를 예측하는 것은 쉬울 거예요. 하지만 물레방아가 좌우로 왔다 갔다 하면 어떻게 움직일지를 예측하는 것은 매우 어려워져요. 그것은 많은 물을 내려보낼 경우, 이 물레방아가 비선형 동역학계가 되기 때문이에요.

이 물레방아의 운동은 앞 장에서 설명한 날씨 모델에서 사용한 것과 같은 식으로 설명할 수 있어요. 다만 물레방아의 경우에는 물레방아의 회전 속도와 물레방아의 질량 중심을 나타내는 두 개의 좌표가 3가지 변수가 되지요. 변수는 달라지더라도 물레방아의 운동을 나타내는 식은 같기 때문에 이 물레방아의 운동에도 비선형 동역학계에서 나타나는 모든 특징이 그대로 나타나게 되지요.

아마 과학관에서 이 물레방아를 전시하는 것은 카오스 과학에서 설명하려고 하는 비선형 동역학계의 특징인 비주기성을 잘 나타내고 있기 때문일 거예요. 그러면 비주기성이 무엇인지 알아볼까요?

주기적 운동과 비주기적 운동

줄에 추를 매단 후 좌우로 흔들어 보세요. 줄 끝에 추를 매달아 좌우로 왔다 갔다 하게 만든 물체를 진자라고 해요. 진자가 한 번 왔다 갔다 하는 데 걸리는 시간을 주기라고 해요. 오래전에 갈릴레이(Galileo Galilei, 1564~1642)는 진자가 흔들리는 주기는 진폭에 관계없이 항상 같다는 것을 발견했어요. 그것을 주기의 등시성이라고 하지요. 진자의 주기는 줄의 길이에 따라 달라질 뿐 진폭과는 관계가 없어요.

진자의 운동처럼 같은 경로를 따라 반복하는 운동을 주기

과학자의 비밀노트

주기의 등시성

진자의 진폭이 작을 경우, 주기는 진폭과 상관없이 일정한 성질을 나타낸다. 지구의 중력장 안에서 진동하는 단진자의 주기는 실의 길이와 중력 가속도에만 영향을 받는다. 단진자란 작고 무거운 물체를 아주 가볍고 늘어나지 않는 줄에 매달아 하나의 수직면 속에서 움직이게 만든 장치이다.

이 단진자의 진동을 흔히 단진동이라고 한다. 단진자의 주기 T는 실의 길이를 L, 중력 가속도를 g라 하면, $T=2\pi\sqrt{L/g}$이다. 그러나 진폭이 크면 이러한 등시성은 성립하지 않는다.

운동이라고 해요. 진자의 경우는 가장 간단한 주기 운동이라고 할 수 있지요. 하지만 복잡한 구조를 가진 물체에서는 복잡한 방법으로 주기 운동이 나타날 수도 있어요. 예를 들어, 처음에는 크게 흔들리고 다음에는 작게 흔들리고 그리고 다음에는 다시 크게 흔들린다면 그것도 주기 운동이라고 할 수 있어요.

두 도시를 왕복하는 버스를 예로 들어 볼까요? 버스가 오전에는 A도시에서 B도시로 가고 오후에는 B도시에서 A도시로 매일 계속 운행한다면, 그것은 주기가 하루인 주기 운동이라고 할 수 있어요. 그러나 첫날은 A도시와 B도시 사이를 왕복하고 다음 날은 A도시와 C도시 사이를 왕복한다면, 그것도 주기 운동이라고 할 수 있을까요? 만약 셋째 날에는

다시 A도시와 B도시, 그리고 넷째 날에는 A도시와 C도시를 왕복한다면 그것은 주기가 2일인 주기 운동이라고 할 수 있어요.

버스는 이보다 훨씬 더 복잡한 주기 운동을 할 수도 있어요. 이번 주에는 A도시와 B도시를 왕복하고, 다음 주에는 A도시와 C도시를 왕복하다가 2주일 후에나 다시 A도시와 B도시로 돌아올 수도 있어요. 아니면 한 달 후에 다시 A도시와 B도시를 왕복하게 될 수도 있고, 1년 후에 A도시와 B도시로 돌아올 수도 있어요. 이런 경우에는 주기가 1주일, 1달 또는 1년인 주기 운동이 되겠지요.

따라서 주기 운동인지 아닌지를 알기 위해서는 오랫동안 운동을 관찰해야 해요. 오랫동안 관찰해서 일정한 시간 간격

으로 같은 운동을 반복한다면 그것은 주기 운동이라고 할 수 있지요. 주기 운동의 경우에는 미래에 어떤 운동을 할지 예측하는 것이 매우 쉬워요. 일정한 시간이 지나면 확실하게 같은 지점을 같은 속도로 지나가기 때문이지요.

그러나 오랫동안 운동을 관찰했는데도 주기를 발견할 수 없으면 비주기 운동이라고 해요. 비주기 운동의 경우에는 미래에 일어날 일을 예측하는 것이 훨씬 어려워지지요. 비선형 동역학계에서 일어나는 운동의 특징 중 하나가 바로 이러한 비주기성이에요.

내가 처음 발표했던 논문의 제목이 〈결정적인 비주기적 흐름〉이라고 했던 것을 기억하고 있을 거예요. 여기서 비주기적 흐름이라는 것은 날씨의 변화가 같은 패턴을 반복하지 않고 완전히 비주기적으로 일어난다는 뜻이에요.

내가 카오스 과학의 문을 연 연구를 하게 된 계기가 날씨의 이런 비주기적 변화의 원인을 찾아내기 위한 것이었다는 이야기를 했지요. 그러면 이제 이 물레방아를 이용하여 물레방아의 운동이 정말로 비주기적으로 일어나는지 실험을 통해 확인해 볼까요?

물레방아의 비주기적 회전

로렌츠 교수는 한 학생에게 스톱워치를 주고 다른 학생에게는 연필과 종이를 주었다. 그러고는 수도꼭지를 열어 물레방아에 물이 흘러들어 가도록 했다. 물의 양이 많아지자 물레방아가 좌우로 방향을 바꾸면서 회전하기 시작했다. 로렌츠 교수는 스톱워치를 들고 있는 학생에게 물레방아가 회전 방향을 바꿀 때마다 시간을 큰 소리로 외치도록 했고 다른 학생은 그것을 받아 적도록 했다.

이 시간들을 그래프로 나타내기 위해서는 우선 직선을 긋

고 일정한 간격으로 점을 찍은 수직선을 그어야 해요. 이때 점들은 시간을 나타내요. 한 점 사이의 간격을 1초로 하는 것이 좋겠군요.

이제 물레방아의 회전 방향이 바뀐 시간을 수직선 위에 표시해 보세요. 그러고는 시간 간격이 넓으면 긴 사선을 그리고 시간 간격이 좁으면 짧은 사선을 그어 물레방아가 어떻게 움직였는지를 나타내는 그래프를 그려 보세요.

우리는 물레방아의 회전 방향이 바뀌는 것만 관찰했을 뿐 회전 속도는 측정하지 않았기 때문에 물레방아의 운동을 정확하게 나타냈다고는 할 수 없어요. 하지만 물레방의 운동에 주기성이 있는지 없는지는 알아볼 수 있지요.

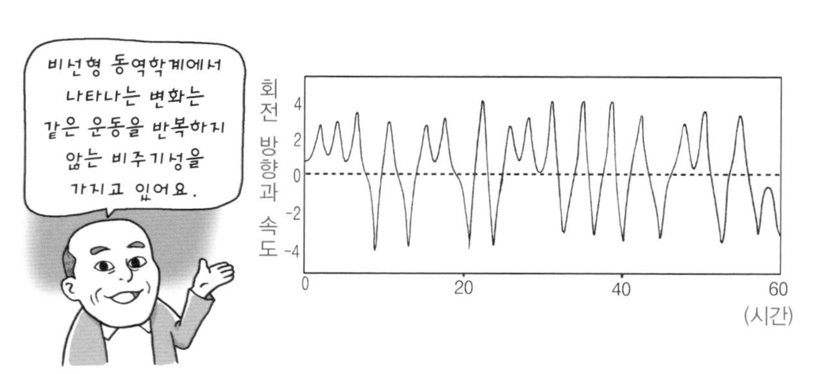

시간에 따른 물레방아의 회전 방향과 속도의 변화

여러 개의 사선이 연결된 그래프에는 어디에서도 규칙성을 발견할 수 없었다.

어때요. 그래프에서 같은 운동을 반복하는 주기성을 찾아낼 수 있나요? 그래프를 보면 물레방아가 불규칙하게 좌우로 왔다 갔다 했다는 것을 알 수 있어요.

로렌츠 교수는 미리 준비해 온 강의 노트 사이에 끼워져 있던 그래프를 꺼내 보여 주었다.

이 그래프는 물레방아의 회전 속도까지 측정하여 만든 그래프예요. 이 그래프를 보면 물레방아의 회전 방향은 물론, 회전 속도도 불규칙하게 변한다는 것을 알 수 있어요. 그러니까 비선형 동역학계에서 나타나는 변화는 초기 조건을 조금만 다르게 해도 그 결과가 크게 달라지는 나비 효과와 함께 같은 운동을 반복하지 않는 비주기성이라는 특징을 가지고 있었던 거예요.

과학자들은 이러한 특징을 가지는 계를 수없이 많이 찾아냈어요. 수도꼭지를 완전히 잠그지 않으면 물이 똑똑 떨어질 거예요. 아무 생각 없이 보면 물방울이 규칙적으로 떨어지는

것처럼 보이지요. 그러나 스톱워치를 가지고 물방울이 떨어지는 시간을 측정해서 그래프를 그려 보면 물방울이 매우 불규칙하게 떨어진다는 사실을 발견할 수 있어요. 이처럼 물방울이 떨어지는 운동에서 일정한 주기를 발견할 수 없는 경우 역시 비주기성을 가지는 비선형 동역학계라고 할 수 있어요.

첫 번째 수업에서 우리가 카오스 과학을 정의할 때 나비 효과와 비주기성을 가지는 비선형 동역학계의 문제를 다루는 과학이 카오스 과학이라고 했지요. 이제 나비 효과와 비주기성이 무엇인지 알았으니, 카오스 과학에서 다루는 문제들이 어떤 것인지 알 수 있겠군요.

오늘은 물레방아를 가지고 실험하느라고 많은 이야기를 하지 못했군요. 그러나 간단한 물레방아 속에 카오스 과학의 비밀이 들어 있었다는 사실을 아는 일만으로도 즐거웠을 것이라고 생각해요. 다음 시간에는 더 재미있는 이야기가 기다리고 있어요. 오늘 사용한 물레방아를 비롯한 실험 기구들은 이곳에 둘 테니 학생들은 실험을 해 보도록 하세요.

로렌츠 교수가 나간 후 학생들은 물레방아 주위에 모여들어 수업 시간에 했던 실험을 반복해 보았다. 학생들에게는 한 방향으로 돌지 않고 이리저리 도는 물레방아가 마냥 신기해 보였다.

만화로 본문 읽기

똑딱똑딱 시계는 주기적 운동!
똑딱
똑딱

땡~
땡~
땡~
미주야, 영어 학원 가야지.
어휴, 3시만 되면 학원 가는 건 주기적 운동!

너 또 옷 버려서 왔구나, 도대체 몇 번째야.
잘못했어요.
매일 옷을 버려서 오는 동생과 그런 동생에게 잔소리하는 엄마, 저건 주기적 운동?

당신 또 술 마셨어요? 밤늦었는데, 조용히 들어와욧!
얘들아, 아빠다~!
벌컥
오늘은 술 드시고 늦게 들어오셨네. 그러니까 저건 비주기적 운동!

우리 예쁜 딸, 아직 안 자네! 용돈 줘야지.
술 드시면 용돈 주시는 아빠, 이것도 주기 운동이라고 할 수 있을까?

술 마시면 애들 용돈 주는 버릇은 언제 고칠 거예요!
어때, 기분 좋아서 주는 건데….
어휴, 또 같은 스토리!

다섯 번째 수업 5

기이한 끌개

시간이 흐른 후 위상 공간에서 물체의 운동 상태를 나타내는 점이
종국적으로 다다르는 점을 끌개라고 합니다.
기이한 끌개를 통해 비선형 동역학을 알아봅시다.

5

다섯 번째 수업

기이한 끌개

교과연계		
교.	초등 과학 5-1	4. 물체의 속력
과.	중등 과학 1	7. 힘과 운동
연.	중등 과학 2	1. 여러 가지 운동
계.	고등 물리 I	1. 힘과 에너지
	고등 물리 II	1. 운동과 에너지

로렌츠가 그림을 가져와서 다섯 번째 수업을 시작했다.

실제 공간과 그래프 위의 공간

로렌츠 교수가 그림을 가지고 와서 학생들에게 보여 주었다.

선이 계속 이어지면서 여러 개의 원을 만들었는데, 이런 원이 양쪽에 두 개의 날개처럼 펼쳐져 있어 커다란 나비 같아 보이기도 했다. 원을 만든 선은 모두 연결되어 있어 마치 하나의 긴 실을 풀어 가면서 만든 모양처럼 보였다.

이 그림 어때요? 멋있어 보이나요? 이것은 예쁘거나 멋있

위상 공간에 나타난 기이한 끌개

는 그림이 아니라 복잡한 그림이지요. 그러나 이 그림 속에는 엄청난 비밀이 숨어 있어요. 자, 그럼 오늘은 이 그림에 들어 있는 비밀에 대해 알아보기로 하지요.

지난 시간에 나비 효과와 비주기성에 대해 설명했던 것을 기억하고 있을 거예요. 비선형계에서는 나비 효과와 비주기성이 나타나기 때문에 미래를 예측하는 것이 불가능하다는 이야기를 했어요. 그런데 과학에서는 미래를 예측하는 것이 목적이거든요. 그렇다면 비선형 동역학계에 대해서는 과학적 연구가 정말 불가능할까요?

오랫동안 날씨의 변화를 연구해 온 과학자들은 언젠가 우리가 날씨의 변화를 지배하는 법칙을 더 정확하게 알게 되고 복잡한 계산을 할 수 있게 되면 날씨를 정확하게 예측할 수 있을 것이라 생각하고 있었어요. 하지만 내가 컴퓨터 계산을 통해 알아낸 바로는 우리가 날씨를 변화시키는 모든 법칙을 다 알고 있다고 해도 날씨를 정확하게 예측하는 일은 불가능하다는 것이었지요.

그렇다면 날씨 변화를 연구하는 것은 이제 필요 없는 일이 되어 버린 것일까요? 나는 그렇지 않다는 것을 발견했어요. 컴퓨터 계산을 통해 비선형 동역학계에서 일어나는 일들에 대해 또 다른 놀라운 사실을 알게 되었어요. 그 이야기를 하기 위해서는 먼저 그래프에 대해 이야기해야 할 것 같군요.

아마 여러 학생들은 수학 시간에 그래프를 그려 보아서 그래프가 어떤 것인지 잘 알고 있을 거예요. 만약 그래프의 세로축은 북쪽으로 향한 거리, 가로축은 동쪽으로 향한 거리를 나타내도록 한 후, 현재 내가 있는 지점으로부터 거리를 측정하여 그래프에 물체의 위치를 표시하면 어떻게 될까요? 그게 바로 지도예요. 우리가 살고 있는 도시나 나라 전체에 있는 지형지물의 위치가 그래프에 나타나게 되겠지요. 지도는 실제 공간을 축소하여 종이나 모형에 옮겨 놓은 것이라고 할 수 있어요.

따라서 지도에서의 한 점은 실제 공간에서의 한 점을 나타

내지요. 만약 자동차를 타고 달리면서 지나가는 지점들을 연결하면 우리가 달리고 있는 경로가 나타날 거예요. 요즈음 자동차에 설치되어 있는 내비게이션은 이런 방법으로 자동차가 달려온 길을 선으로 나타내 주지요.

그러면 이번에는 그래프의 세로축은 쌀값을 나타내고, 가로축은 시간을 나타내면 어떻게 될까요? 우리는 이 그래프를 보면 시간이 흐름에 따라 쌀값이 어떻게 변해 왔는지 한눈에 알 수 있을 거예요.

한 가지만 더 예를 들어 볼까요? 세로축은 몸무게를 나타내고, 가로축은 날짜를 나타내도록 하면 어떻게 될까요? 매년 몸무게를 측정하여 그래프에 점을 찍어 보면 몸무게가 어

떻게 변해 왔는지 쉽게 알아볼 수 있을 거예요. 긴 시간 동안 계속 이런 그래프를 그려 보면 나이가 많아지면서 몸무게가 어떻게 변해가는지, 그리고 어느 계절에 몸무게가 늘고 줄어드는지도 알 수 있겠지요.

우리는 이렇게 다양한 그래프를 그려 볼 수가 있어요. 그런데 이런 그래프들은 앞에서 설명한 지도와 조금 다른 의미를 가지지요. 지도는 실제 공간을 축소해 놓은 거예요. 따라서 지도 위에 한 점은 실제로 어떤 지점을 나타내지만, 뒤에서 예를 든 그래프 위의 한 점은 특정한 시점의 쌀값이나 몸무게가 얼마인지를 나타내요.

위상 공간과 상태의 변화

그러면 이제 물체의 운동 상태를 나타내는 그래프에 대해서 알아볼까요? 물체를 줄에 매달고 진동시키면 물체가 어떻게 움직일까요? 좌우로 흔들리겠지요. 만약 그래프의 세로축이 물체의 높이를 나타내고 가로축은 좌우로 멀어진 거리를 나타내도록 하면, 그래프에 나타난 점들은 물체의 위치가 어떻게 변해 가는지를 보여 줄 거예요. 물체가 좌우로 진동하

면 그래프의 점들도 좌우로 진동하겠지요.

만약 마찰력이 있다면 물체는 시간이 갈수록 진동이 점점 작아질 거예요. 그래서 결국에는 멈추어 버리겠지요. 그래프의 점들도 점점 작은 폭으로 흔들리다가 원점에서 멈추어 버리겠지요. 그러나 마찰력이 없다면 물체는 영원히 좌우로 진동할 거예요. 물론 그래프의 점들도 계속 좌우로 흔들리겠지요.

그럼 이제 다른 방법으로 물체의 운동을 나타내 볼까요? 가로축은 진동의 중심점을 원점으로 하여 물체가 있는 지점까지의 거리를 나타내게 하고, 세로축은 그 지점에서의 물체의 속도를 나타내게 하면 어떨까요?

오른쪽으로 움직이는 속도는 플러스(+)로 나타내고 왼쪽으로 움직이는 속도는 마이너스(−)로 나타내기로 하지요. 이렇게 하면 그래프의 한 점은 물체의 운동 상태를 나타내게 돼요. 이런 그래프를 이용하면 물체가 어느 지점을 얼마의 속도로 통과했는지를 알 수 있어요.

이런 그래프를 그리는 방법을 좀 더 자세히 설명해 볼까요? 이제 진자를 한쪽으로 10cm 잡아당겼다가 놓아서 진동을 시작한다고 생각해 보세요. 왼쪽으로 10cm 잡아당기면 진동의 중심점에서 거리를 나타내는 가로축의 좌표는 −10

이어야 하겠지요? 그런데 이 점에서 진자를 놓아서 운동을 시작했다면 이 점에서의 속도는 0이에요. 따라서 이 진자는 (−10, 0)인 점에서 운동을 시작하는 것이지요.

진자를 놓으면 진자는 진동의 중심점을 향해 움직일 거예요. 다시 말해 수평축의 좌표는 원점을 향해 줄어들겠지요. 하지만 진자의 속도는 점점 빨라져서 진자가 진동의 중심점에 왔을 때 속도가 가장 빨라지겠지요. 이때의 속도를 10이라고 가정해 볼까요? 그러면 중심점에 왔을 때 이 진자의 운

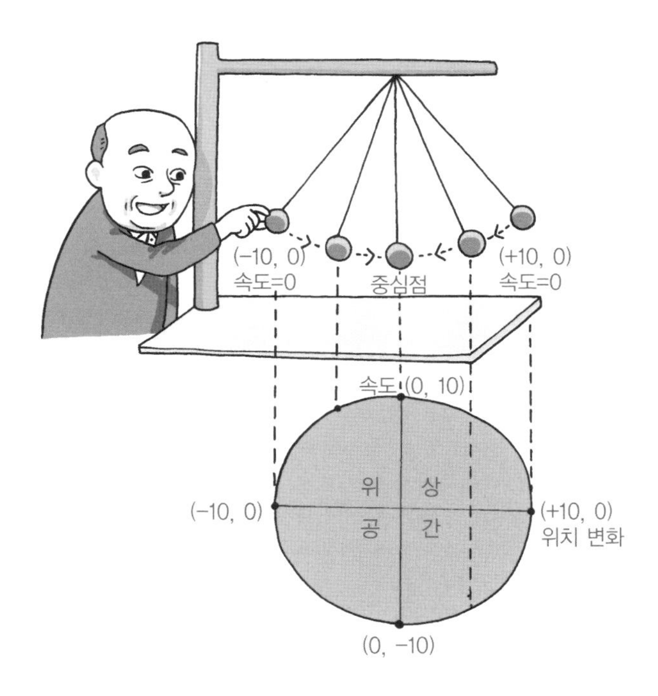

동 상태를 나타내는 점은 (0, 10)이 돼요.

그러니까 진자가 가장 높은 곳에서 가장 낮은 중심점까지 오는 동안에 진자의 운동 상태를 나타내는 점은 (−10, 0)점에서부터 (0, +10)까지를 이은 선이 되겠지요. 속도가 거리에 비례해서 달라지는 것이 아니므로 두 점을 이은 선은 직선이 아닐 거예요. 정확한 계산에 의하면 두 점을 이은 선은 원호가 된다는 것을 알 수 있어요.

진자가 가장 낮은 중심점을 지나면 진자는 플러스(+) 방향으로 다가가게 되고 속도는 줄어들지요. 그래서 진자가 반대편 최고점에 오면 진자의 속도는 0이 돼요. 이때의 좌표는 (+10, 0)이지요. 반대 방향에 있는 최고점에 온 진자는 다시 중심점을 향해 움직이기 시작할 거예요. 물론 속도도 점점 빨라지겠지요.

그러나 이번에는 속도의 방향이 바뀌었어요. 그래서 다시 진동의 중심점에 왔을 때 진자의 운동 상태를 나타내는 점은 (0, −10)이 되지요. 진자는 이 점에서부터 처음 진동을 시작했던 점을 향해 움직일 거예요.

처음 진동을 시작한 점에서부터 이 점들을 연결해 보면 하나의 원이 만들어진다는 것을 알 수 있을 거예요. 앞에서도 이야기했지만 이것은 진자가 이런 길을 따라 움직인다는 것을 나타내는 것이 아니라 진자의 운동 상태가 어떻게 변해 가는지를 나타내는 것이에요. 때에 따라서는 진자가 어떤 길을 따라 움직였는지를 나타내는 그래프보다 운동 상태가 어떻게 변해 갔는지를 나타내는 이런 그래프가 더 유용할 때가 있어요.

이렇게 운동 상태를 나타내는 공간을 위상 공간이라고 불러요. 마찰이 없어 같은 크기의 진동을 계속하는 경우 운동 상태를 나타내는 위상 공간에는 원이 그려져요. 아무리 오랜 시간이 지나도 물체의 운동은 이 원을 벗어나지 않지요.

그러나 마찰이 있는 경우에는 시간이 흐를수록 진동이 작아져서 결국에는 중심점에서 멈추게 되지요. 이런 경우 위상 공간에서는 반지름이 점점 작아지다가 결국에는 원점에서 끝나는 소용돌이 모양이 그려지게 돼요.

이것은 물론 물체가 소용돌이 모양을 그리면서 원점에 다가간다는 뜻이 아니라 물체의 운동 상태를 나타내는 점들이 소용돌이 모양을 그리다가 결국에는 원점으로 다가간다는 뜻이지요.

원점은 중심점으로부터의 거리도 0이고 속도도 0인 점이므로, 운동 상태를 나타내는 점들이 원점으로 다가간다는 것은 중심점에서 멈추게 된다는 것을 나타내지요. 반면 위상

공간에 나타난 점들이 원을 그리면서 계속 돈다는 것은 진동 운동을 영원히 반복한다는 것을 뜻해요.

끌개

이렇게 시간이 오래 흐른 후에 위상 공간에서 물체의 운동 상태를 나타내는 점이 종국적으로 다다르는 점을 끌개라고 불러요. 끌개라는 용어는 순수한 한국말이에요. 예전에는 과학 용어를 한자어로 많이 표기했는데, 요즈음은 이렇게 순수한 한국말도 자주 눈에 띄더군요.

마찰이 없는 경우 단진동은 위상 공간에서 원을 벗어나지 않지요. 따라서 이런 경우의 끌개는 원이에요. 마찰이 있는 경우는 원점으로 다가가 멈추게 된다고 했잖아요. 따라서 이런 경우에는 원점이 끌개가 되는 것이지요.

끌개는 이렇게 한 점이 될 수도 있고 원이 될 수도 있어요. 복잡한 3차원 운동의 경우에는 끌개도 더 복잡한 구조를 가질 수 있어요. 끌개는 오랜 시간이 지난 후에 종국적으로 이르는 점을 나타낸다는 의미에서 매우 중요하지요. 외부에서 약간의 변화를 가해 주어도 대개는 다시 끌개로 돌아가도록

되어 있거든요.

끌개가 무엇인지를 설명하는 데는 산맥들이 그려져 있는 지도가 편리할 것 같군요. 한국 지도를 살펴보면 한반도를 동서로 갈라놓는 태백산맥이 북쪽에서 남쪽으로 뻗어 있어요. 태백산맥을 잇는 산등성이에 떨어진 빗방울은 어디로 흘러갈까요? 산등성이에서 조금이라도 서쪽에 떨어진 빗방울은 서해로 흘러가고 조금이라도 동쪽에 떨어진 빗방울은 동해로 흘러갈 거예요. 따라서 서해와 동해는 빗방울의 끌개라고 할 수 있어요. 태백산맥은 끌개가 동해인 지역과 끌개가 서해인 지역을 나누는 경계선이라고 할 수 있어요.

한국에는 많은 강들이 있어요. 이 강들은 모두 물을 끌어들이는 끌개라고 할 수 있지요. 지도상에서 한강으로 물이 흘러드는 지역, 낙동강으로 물이 흘러드는 지역, 금강으로 흘러드는 지역을 각각 다른 색으로 칠한다면 한국을 각각의 끌

개 구역으로 나누었다고 할 수 있을 거예요.

운동 상태가 끌개를 향해 다가가고 물이 끌개를 향해 흘러가는 것은 끌개가 안정된 평형점이기 때문이에요. 따라서 어떤 운동 상태를 나타내는 위상 공간에서 끌개가 어디인지를 아는 것은 매우 중요한 일이에요. 끌개를 알면 우리는 이 운동이 어떻게 변해 갈지 예측할 수 있거든요.

기이한 끌개

나는 컴퓨터가 계산해 놓은 변수의 값들을 그래프에 나타내 보기로 했어요. 내가 사용한 날씨 모델이나 물레방아 모델에는 3가지 변수가 사용되었어요. 따라서 이 변수들이 어떻게 변화하는지를 보기 위한 그래프를 그려 보았지요. 3가지 변수는 3차원으로 이루어진 위상 공간을 만들어냈어요. 따라서 내가 그린 그림은 3차원 위상 공간에 나타난 그림이었어요. 이렇게 해서 만들어진 그림이 카오스 과학을 새로운 방향으로 이끌었어요.

로렌츠 교수가 교탁 위에 내려놓았던 그림을 집어 들었다.

수업을 시작할 때 보여 준 이 그림이 바로 내가 얻은 그림이에요. 이 그림에는 수없이 많은 선들이 그려져 있지만 어떤 선도 다른 선과 겹치지 않아요. 따라서 이 선들은 아무리 오랜 시간이 지나도 한 점으로 다가가지 않아요. 계속 접히고 늘어나면서 무한히 새로운 점을 지나가게 될 뿐이지요. 그러나 이 그림에 나타난 점들은 어떤 범위를 벗어나는 일도 없어요.

한 점이나 한 가지 형태의 그래프로 다가가지 않는다는 의미에서 이것을 끌개가 아니라고 생각할 수도 있어요. 그러나 절대로 이전의 경로를 반복해서 지나가는 일이 없으면서도 일정한 범위를 벗어나지 않는다는 의미에서 이것도 끌개라고 할 수 있을 거예요.

과학자들은 이렇게 어느 한 점이나 형태로 다가가지 않고 계속 새로운 점을 지나가지만 일정한 범위를 벗어나지도 않는 이런 끌개를 기이한 끌개라고 부르게 되었어요. 나는 이 그림을 통해 비선형 동역학계의 운동 상태를 위상 공간에 그려 보면 기이한 끌개가 나타난다는 사실을 알게 되었지요.

나는 이 그래프를 1963년에 발표한 논문 맨 뒤에 첨부했어요. 그때까지만 해도 이 그림이 그렇게 유명해질 줄은 상상도 못했어요. 하지만 이 그림은 카오스 과학의 시작을 알리는 그림이 되었고, 카오스 과학의 상징이 되었어요. 이 그림만큼 책이나 글에서 많이 인용한 그림도 없을 거예요.

내가 이 그림을 발표한 후 많은 사람들이 여러 가지 동역학계에 나타난 기이한 끌개를 찾아냈어요. 이러한 기이한 끌개

과학자의 비밀노트

유클리드 기하학

고대 그리스의 수학자 에우클레이데스(Eukleidés, B.C.330~B.C.275)가 구축한 기하학이다. 유클리드(Euclid)는 에우클레이데스의 영어 이름이다. 기하학을 기본 공준과 공리, 정리로 구성하여 저서 《기하학 원론》에서 체계를 세웠다. 유클리드 기하학은 평탄한 공간상의 대상을 다루는 기하학인데, 이 기하학을 따르지 않는 기하학은 통칭하여 비유클리드 기하학이라 한다.

는 아주 복잡한 모양을 하고 있는 것처럼 보이지만, 일정한 규칙이 숨어 있는 것처럼 보이기도 했어요. 따라서 많은 사람들이 기이한 끌개에 관심을 가지고 연구하기 시작했지요.

이제 비선형 동역학의 문제는 위상 공간에 나타난 기이한 끌개를 분석하고 이해하는 것이 되어 버렸어요. 어렵고 복잡한 역학의 문제가 기하학의 문제로 바뀐 것이지요. 그런데 위상 공간에 나타난 기이한 끌개와 같은 기하학적 모양에 대한 연구가 수학이나 다른 과학 분야에서는 이미 오래전부터 진행되고 있었어요. 그것은 우리가 학교에서 배운 직선이나 원 같은 도형을 기본으로 하고 있는 유클리드 기하학과는 전혀 다른 기하학이었지요. 우리는 이런 새로운 기하학을 프랙털 기하학이라고 부르게 되었어요.

프랙털 기하학에 대해서는 다음 시간부터 자세하게 공부하게 될 거예요. 다음 시간에는 아름답고 신비한 프랙털의 세계로 여러분을 안내해 줄 예정이에요.

만화로 본문 읽기

어울리지 않게 왜 혼자 있어요?
교수님. 너무 답답해요!
뭐가요?

시계추처럼 집과 학교를 오가는 게 언제까지 계속 될까요? 매일 똑같은 생활이 지겨워요!
글쎄요, 그게 항상 똑같은 걸까요?

길은 항상 같지만, 현준 군이 오가는 시간과 날씨와 지나는 사람들은 늘 다르지요!
그렇긴 하죠.

그걸 위상 공간에 그래프로 나타내면 이렇게 된답니다.
같은 모양이니까, 매일 똑같다는 거 아니에요?

잘 보세요. 학교와 집은 같지만, 거기를 오가는 현준 군의 동선은 한 번도 같지 않았어요!
와! 그렇게 보니까 하나도 안 지겨워요!

오늘도 새로운 길!
이론상은 그렇지만, 결과는 학교와 집인데 저렇게 좋을까?
탓!
저렇게 좋아하는데 그냥 두세요, 하하.

여섯 번째 수업 **6**

프랙털 기하학

간단한 규칙이 반복 적용되어 만들어진 자기 유사성을 가지고 있는 구조를 프랙털 구조라고 합니다. 자연에 나타나는 프랙털 기하학에 대해 알아봅시다.

6

여섯 번째 수업

프랙털 기하학

교과 연계		
	초등 과학 4-1	3. 식물의 한살이
	초등 과학 4-2	1. 식물의 세계

로렌츠가 나뭇잎 그림을 가져와서 여섯 번째 수업을 시작했다.

자연의 기하학

여러분, 카오스 과학 이야기 재미있었나요? 조금 어려웠다고요? 처음 들어 보는 용어가 많아 어렵게 느끼는 학생들도 있었을 거예요. 하지만 조금만 마음을 열고 생각해 보면 그다지 어려운 이야기는 아니에요.

오늘부터는 조금 다른 이야기를 하려고 해요. 지금까지 비선형 동역학의 이야기를 했었어요. 비선형 동역학계에서는 나비 효과와 비주기성이 나타나 미래 예측이 어렵다고 했고,

비선형 동역학계의 운동을 위상 공간에 나타내 보면 기이한 끌개가 그려진다는 이야기를 했었어요. 이제 비선형 동역학의 문제를 이해하는 것은 위상 공간에 나타난 기이한 끌개를 기하학적으로 이해하는 것이라고 말했던 일을 기억하고 있을 거예요.

그런데 위상 공간에 나타난 기이한 끌개와 같은 특성을 가진 기하학적 구조에 대한 연구가 수학을 비롯한 다양한 분야에서 오래전부터 진행되어 왔어요. 다만 그런 기하학적 구조와 위상 공간에 나타난 기이한 끌개의 구조를 연결하지 못하고 있었던 것이지요. 그러니까 내가 한 일은 바로 위상 공간에 나타난 기이한 끌개의 기하학적 구조를 다른 학자들이 오래전부터 연구해 온 프랙털이라는 기하학적 구조와 연결한 것이라고 할 수 있어요.

로렌츠 교수가 가져온 그림을 보여 주었다. 그림 속의 나뭇잎을 자세히 보니 나뭇잎 속에 작은 나뭇잎이 들어 있었고, 작은 나뭇잎 속에는 더 작은 나뭇잎이 들어 있었다.

내가 첫 시간에 카오스 과학은 나비 효과와 비주기성이 나타나는 비선형 동역학의 문제를 프랙털 기하학을 이용하여

분석하는 과학이라고 했던 것을 기억하지요. 처음 이 말을 들었을 때는 한 마디도 알아듣지 못했겠지만 이제 반은 알아들을 수 있지요? 하지만 아직 프랙털 기하학이라는 말은 생소할 거예요. 프랙털 기하학이라는 말을 이해하고 내가 방금 보여 준 나뭇잎 그림을 보면 나뭇잎의 모습도 새롭게 보일 거예요.

우리가 수학 시간에 다루는 주요 도형은 직선과 원, 삼각형, 그리고 사각형이에요. 그 때문인지 사람들이 만든 물건에는 사각형이나 원 그리고 삼각형 모양이 많이 들어 있어요. 우리가 살고 있는 방의 모양이 대개 사각형이고 기둥은 일직선이지요. 매일 사용하는 작은 물건에서도 이런 모양들은 쉽게 찾아볼 수 있어요.

과학자의 비밀노트

프랙털

프랙털은 '조각난' 도형을 뜻한다. 어원은 조각난이란 뜻의 라틴어 '프락투스(fractus)'이다. 프랙털은 크게 4가지로 나눌 수 있다.

기하학적 프랙털 : 수학에서 기하학 법칙을 통해 만들어진 프랙털이다. 칸토어 집합, 시에르핀스키 삼각형, 페아노 곡선, 코흐 눈송이 등이 있다.

기이한 끌개 : 초기의 점을 정하고, 주어진 함수를 통하여 재귀적으로 변환된 점들을 찍어 만들어진다. 선형 변환에 의한 IFS(Iterated function systems)가 대표적이다.

탈출 시간 프랙털 : 주어진 맵이 이미지인 각각의 점에 대해 얼마나 빨리 벗어나는지 색채로 나타낸 것이다. 만델브로 집합과 쥘리아 집합 등이 있다.

무작위(확률) 프랙털 : 결정론적이지 않고 확률적인 방법으로 만들어진 프랙털이다.

완벽한 자기 유사성을 가진 것은 오직 기하학적 프랙털뿐이다. 만델브로 집합은 '통계적' 자기 유사성을 가지고 있어, 확대할 때마다 자신의 모습이 변형된 형태로 나타난다. 프랙털은 오늘날 수학 · 과학 · 예술 등 실용 분야에서 사용하고 있으며, 특히 현실 세계의 매우 복잡하고 불규칙한 물체를 표현할 때 많이 쓰인다. 구름, 능선, 난류, 해안선 및 나뭇가지 등이 여기에 해당한다.

이젠 자연의 모습을 알아보기 위해 숲으로 나가 볼까요? 숲 속에서 직선이나 삼각형, 또는 사각형을 찾아보세요. 아주 없는 것은 아니지만, 자연 속에서 우리에게 익숙한 원이나 삼각형 또는 사각형을 찾는 것은 거의 불가능해요. 자연물의 모습은 이런 단순한 기하학적 모양보다 아주 복잡한 모양인 경우가 대부분이지요.

그래서 사람들은 오랫동안 자연을 기하학적으로 분석하려고 하지 않았어요. 자연은 수학자의 연구 대상이 아니라 미술가의 관심거리였지요. 하나의 줄기에서 시작한 나무는 아주 복잡하게 가지를 뻗어 하늘을 뒤덮는 커다란 나무가 되잖아요. 아름다움을 추구하는 미술가들에게는 나무의 복잡한 구조보다 당당하게 한 자리를 차지하고 서 있는 나무의 아름다움이 더욱 마음을 끌었지요. 그러나 구조를 기하학적으로 분석하기 좋아하는 수학자들에게는 복잡한 구조를 하고 있

는 나무가 만만한 상대가 아니었어요.

나무뿐만 아니라 숲 속에서 발견할 수 있는 풀이나 돌멩이, 심지어는 작은 곤충마저도 아주 복잡한 구조를 하고 있는 경우가 대부분이지요. 그런데 오래전부터 이렇게 복잡해 보이는 구조를 연구해 온 사람들이 있었어요. 그들은 복잡해 보여서 아무런 규칙성도 없을 것 같아 보였던 이런 구조 속에서도 규칙성을 찾아냈지요.

프랙털 구조

나무를 예로 들어 볼까요? 나무는 하나의 줄기에서 시작해서 이리저리 가지를 뻗어서 복잡한 형태를 띠게 되지요. 나무 그림은 수학자보다 미술가가 더 잘 그릴 거예요. 하지만 수학자도 그럴듯한 나무 그림을 그릴 수 있어요. 그럼 여러분도 모두 연필을 들고 내가 하는 것을 따라 수학자들이 하는 방법으로 나무를 그려 볼까요?

우선 길이가 5cm 정도 되게 나무줄기를 하나 그려 보세요. 그러고는 줄기 끝에서 하나의 줄기가 같은 각도로 두 줄기로 갈라지게 그려 보세요. 줄기가 갈라진 곳에서부터 길이

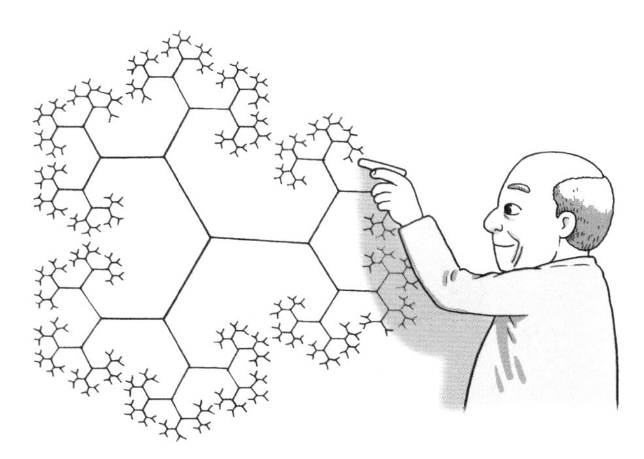

같은 규칙을 반복 적용하여 만든 복잡한 구조

가 4cm 정도 되게 줄기를 그린 다음 다시 같은 각도로 두 줄기로 갈라지게 그려 보세요. 이제 줄기는 4개가 되었지요?

이번에는 3.2cm 길이가 되게 줄기를 그린 다음 다시 두 가지로 갈라지게 그려 보세요. 가지는 이제 8개가 되었어요. 이번에는 가지의 길이를 2.56cm로 하고 다시 두 가지로 갈라지게 그려 보세요. 이렇게 몇 번만 더 하면 아주 복잡한 모양을 한 나무를 그릴 수 있을 거예요.

어때요? 나무의 모습이 마음에 드나요? 아마 줄기의 두께를 적당히 하고 색깔을 잘 입히면 아주 멋있는 나무 그림이 될 거예요. 물론 미술가들은 이렇게 나무를 그리지 않아요. 그들은 나뭇가지를 아주 복잡하게 얽히도록 적당히 그릴 거

예요. 나무가 나무답고 아름답기만 하면 되니까요.

그러나 수학자가 그린 나무 그림에는 놀라운 사실이 숨어 있어요. 나무와 같은 복잡한 그림을 그리는 데 수학자는 아주 간단한 규칙만을 사용했어요. 그 규칙은 줄기의 길이가 갈라지기 전 줄기 길이의 80%가 되는 지점에서 가지가 두 개로 갈라진다는 규칙이었지요. 이렇게 간단한 규칙을 반복해서 적용하고 보니까 아주 복잡한 모습을 한 그럴듯한 나무가 그려졌어요.

복잡한 모습을 하고 있는 나무의 구조를 설명하기 위해서는 아주 복잡한 규칙이 필요할 것이라고 생각했던 사람들에게 간단한 규칙을 반복해서 적용하면 이렇게 복잡한 구조를 만들어 낼 수 있다는 사실은 매우 놀라운 것이었어요.

물론 모든 복잡한 구조가 간단한 규칙을 가지고 있는 것은 아니에요. 아무런 규칙이 없이 무질서한 경우도 있겠지요. 그러나 자연에서 발견되는 복잡한 구조 중에는 이렇게 간단한 규칙을 반복적으로 적용해서 만들어진 것이 많다는 사실을 알게 되었어요. 이런 사실의 발견은 복잡한 구조를 이해하는 데 큰 도움이 되었지요.

이렇게 간단한 규칙을 반복 적용하여 만들어진 구조에는 또 하나의 아주 중요한 특징이 있어요. 어느 부분을 선택해서 적당한 크기로 확대하거나 축소하면 모두 같은 모양이 나온다는 거예요. 아까 그렸던 나뭇가지의 한 부분을 잘라서 확대하면 큰 나무와 똑같은 모습이 된다는 것을 쉽게 알 수 있어요. 똑같은 규칙을 반복적으로 적용했으니까 어디를 잘라 내도 같은 모양이 되는 것은 당연한 일이겠지요.

로렌츠 교수는 교탁 위에 놓여 있던 새로운 그림을 집어 들었다.

한 가지가 수평 방향으로 뻗은 두 가지로 갈라지는 규칙을 반복 적용한 나무

이 나뭇잎 그림을 보세요. 큰 잎은 여러 개의 작은 잎으로 이루어져 있지요? 그리고 그 작은 잎은 더 작은 잎으로 이루

어져 있어요. 그래서 아주 작은 잎을 하나 뜯어내도 그 모습은 원래 나뭇잎의 모습과 같지요. 아주 복잡한 구조를 하고 있는 커다란 나뭇잎도 사실은 작은 나뭇잎을 반복해서 배열하는 방법으로 만들어졌어요. 이렇게 어느 부분을 잘라 내도 똑같은 모양을 하고 있는 성질을 자기 유사성이라고 해요. 작은 부분의 모습도 자신의 본래 모습과 비슷하다는 의미지요.

이렇게 간단한 규칙이 반복 적용되어 만들어진 자기 유사성을 가지고 있는 구조가 바로 프랙털 구조예요. 자기 유사성이라고 해서 작은 부분이 큰 부분과 아주 똑같을 필요는 없어요. 작은 부분이 큰 부분과 아주 똑같은 경우는 말할 것도 없이 자기 유사성이 있다고 할 수 있어요.

하지만 모양이 정확하게 같지 않아도 그 모양이 가지고 있는 성질이 같은 경우에도 자기 유사성이 있다고 해요. 예를 들어, 비행기를 타고 넓은 부분을 찍은 해안선의 모양과 산 위에서 찍은 좁은 부분의 해안선의 모습이 똑같지는 않아요. 하지만 두 사진을 같은 크기로 확대해 놓으면 어느 사진이 넓은 해안선을 찍은 것인지 어느 사진이 좁은 지역의 해안선을 찍은 것인지 구별하기가 어려워요. 이런 경우에도 자기 유사성이 있는 프랙털 구조라고 할 수 있어요.

과학자들은 자연물 속에서 많은 프랙털 구조를 발견했어요. 앞에서 설명한 나무의 모습을 비롯해 나무뿌리의 모습, 우리 몸속에서 실핏줄이 갈라지는 모습, 나뭇잎의 형태, 눈송이의 모양, 구름의 모양, 번갯불의 모습, 해안선의 모양, 산맥의 갈라짐 등이 모두 프랙털 구조를 기본으로 하고 있다는 것을 알게 되었지요. 그러니까 매우 복잡한 모습을 하고 있는 자연은 우리가 즐겨 사용하는 원이나 삼각형 같은 기하학적 모양이 아니라 대부분 프랙털 구조를 기본으로 하고 있지요.

이제 프랙털 구조가 왜 중요한지 알 수 있겠지요? 프랙털 구조는 19세기 말부터 수학 분야에서 연구하기 시작했어요.

과학자의 비밀노트

만델브로(Benoît B. Mandelbrot, 1924~)

폴란드에서 태어난 프랑스 수학자이다. 프랙털 기하학 분야를 연 사람으로, 미국 하버드 대학교 초빙 교수로 재직하면서 복소평면 위의 프랙털인 쥘리아 집합을 연구했다. 컴퓨터를 이용해 공식 $+c$에 의한 프랙털이 c 값에 의해 어떻게 달라지는지를 연구하다가 집합을 발견해 자신의 이름을 붙였다. 저서로는 《기하학의 자연》(1982)이 유명하다. 1987년에 IBM에서 퇴직하고 나서는 예일 대학교 수리 과학의 명예 교수로 재임했다. 그리고 현재는 IBM의 토머스 왓슨 연구소의 명예 펠로이다.

그러나 프랙털이라는 말을 처음 사용한 사람은 1975년 만델브로(Benoît B. Mandelbrot, 1924~)라는 폴란드계 프랑스 수학자였어요. 갈라진다는 뜻을 가진 라틴어 프락투스(fractus)라는 말을 따서 만든 말이지요.

한국에서는 프랙털을 '쪽거리' 라고 번역하더군요. 쪽거리라는 말도 참 아름다운 말인 것 같아요. 하지만 나는 이 수업에서 쪽거리라는 말 대신 그냥 프랙털이라고 부르기로 했어요. 만델브로는 간단한 수학 공식을 반복 적용하여 복잡해 보이지만 자기 유사성을 가지는 아름다운 구조를 만들어 냈어요. 이에 대해서는 다음에 자세하게 설명할 생각이에요.

코흐의 곡선

프랙털 구조를 연구한 과학자들은 간단한 규칙을 적용하여 여러 가지 복잡한 프랙털 구조를 만들어 냈어요. 그중에 널리 알려진 몇 가지를 소개해 볼까요? 1900년대 초에 처음 소개되어 '코흐의 눈송이' 또는 '코흐의 섬' 이라는 이름으로 널리 알려진 코흐의 곡선은 프랙털 구조의 특성을 아주 잘 나타내고 있는 곡선입니다.

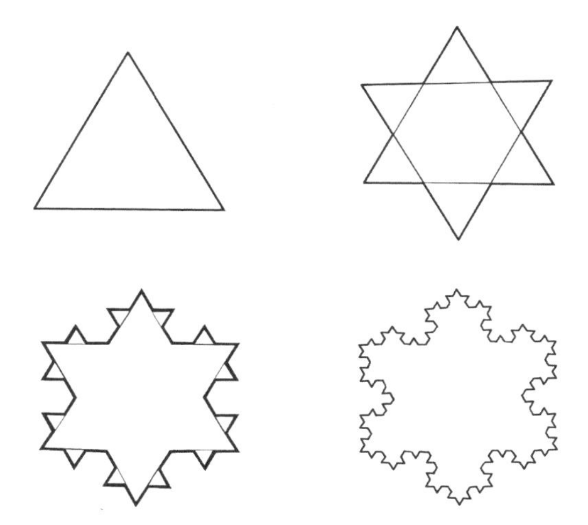

정삼각형의 각 변을 삼등분한 다음, 가운데 부분을 한 변으로 하는
정삼각형을 만드는 방법으로 만든 코흐의 곡선

스웨덴의 수학자인 코흐(Niels Fabian Helge von Koch, 1870~1924)는 1904년에 〈기초 기하학으로 만들 수 있는 곡선〉이라는 제목의 논문에서 처음으로 코흐의 곡선을 소개했어요.

코흐의 곡선을 만드는 방법은 아주 간단해요. 여러분도 아주 쉽게 따라서 그릴 수 있을 거예요. 우선 커다란 정삼각형을 하나 그려 보세요. 정삼각형을 그린 다음에는 정삼각형의 각 변을 삼등분하는 점을 찍어 보세요. 각각의 변 위에는 2개의 점이 찍혔겠지요? 2개의 점에 의해 삼등분된 변의 가운데 부분을 한 변으로 하는 정삼각형을 그려 보세요.

처음 삼각형의 한 변의 길이가 3cm였다면 새로 그린 정삼각형의 한 변의 길이는 1cm가 될 거예요. 처음 삼각형의 둘레는 9cm였어요. 그렇다면 이제 새로 그린 도형의 둘레의 길이는 얼마나 될까요? 새로 그린 도형에는 1cm짜리 변이 12개가 되었어요. 따라서 둘레의 길이는 12cm가 되겠지요. 한 변의 길이는 $\frac{1}{3}$로 줄어들었지만 변의 개수는 4배로 늘어났어요. 따라서 둘레의 길이는 $\frac{4}{3}$로 늘어났겠군요.

다음에는 다시 한번 모든 변을 3등분한 다음 가운데 부분을 한 변으로 하는 정삼각형을 그려 보세요. 어때요? 도형이 조금 더 복잡해졌지요? 변의 길이는 다시 $\frac{1}{3}$로 줄어들었고, 변의 개수는 4배로 늘어났을 거예요. 이런 작업을 계속 반복해 보세요. 변의 길이는 점점 작아지는 대신 변의 개수는 점점 늘어나고 따라서 둘레의 길이도 점점 늘어날 거예요.

이런 과정을 몇 번 더하면 어떤 모양이 됐나요? 눈송이 모양처럼 보이나요? 아니면 별 모양으로 보이나요? 물론 실제 눈송이가 이 모양과 똑같지는 않을 거예요. 하지만 코흐의 곡선은 실제 눈송이가 만들어지는 기본적인 방법을 잘 보여 주고 있어요.

그런데 놀라운 것은 이런 과정을 무한히 반복해서 만들어 낸 코흐의 눈송이 둘레의 길이는 무한대가 된다는 거예요.

한 변의 길이가 3cm인 정삼각형으로 시작해서 그린 눈송이 하나의 둘레가 무한대가 된다니 믿을 수 있어요? 그러나 한 번 규칙을 적용할 때마다 둘레 길이가 $\frac{4}{3}$씩 늘어나므로 이런 규칙을 무한대 적용하면 무한대가 된다는 것은 쉽게 알 수 있어요.

이것이 간단한 규칙을 반복하여 만들어 낸 프랙털 구조가 가지는 신비 중의 하나예요. 물론 실제 자연물에서는 어떤 규칙이라도 무한대 반복 적용하지는 않아요. 따라서 유한한 크기를 가지는 구조가 무한대의 길이를 만드는 일은 없지요.

해안선의 길이를 측정하라

삼면이 바다로 둘러싸인 한국에는 해안선이 많지요. 그렇다면 한국을 둘러싸고 있는 해안선의 길이는 얼마나 될까요? 재 보지 않아서 알 수 없다고요? 나도 한국의 해안선 길이를 재 본 적은 없지만 해안선의 길이가 얼마인지는 알고 있어요. 한국을 둘러싼 해안선의 길이는 무한대예요. 믿어지지 않는다고요?

한국의 넓이가 무한대가 아닌데 어떻게 한국을 둘러싼 해

안선의 길이가 무한대가 되겠느냐고 묻는 사람도 있을 거예요. 해안선은 자연이 만들어 놓은 프랙털 구조예요. 비행기를 타고 하늘 높이 올라가 해안선 사진을 찍으면 들쑥날쑥한 해안선 사진을 얻을 수 있을 거예요. 산 위에 올라가 바닷가 사진을 찍어도 들쑥날쑥한 해안선 사진이 찍힐 거예요.

이번에는 카메라를 가지고 바닷가에 가서 바위가 울퉁불퉁 튀어나온 해안선 사진을 찍어 보세요. 이번에도 들쑥날쑥한 해안선 사진이 찍히겠지요. 확대 렌즈를 이용해 물과 땅이 만나는 지점에 있는 작은 돌멩이와 모래로 이루어진 해안선

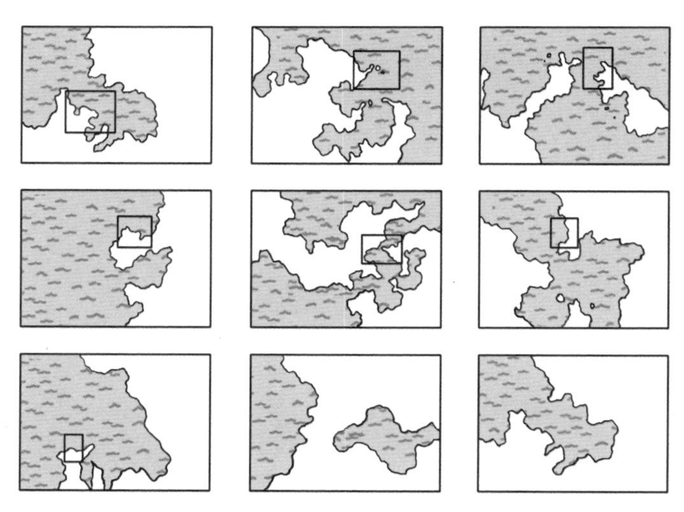

서로 다른 크기에서 본 해안선의 모습

사진을 찍어서 확대해 보면 거기에도 들쑥날쑥한 해안선이 나타날 거예요.

서로 다른 거리에서 찍은 이 사진들을 같은 크기로 확대해서 걸어 놓으면 어떤 것이 높은 곳에서 찍은 해안선인지 어느 것이 확대한 해안선인지 구별할 수 없어요. 앞에서도 설명했지만 이렇게 작은 부분을 확대했을 때 큰 부분과 같은 모양이 되는 것이 프랙털 구조의 특징인 자기 유사성이에요.

물론 해안선은 코흐의 곡선처럼 작은 것을 확대했을 때 큰 것과 아주 똑같지는 않지만 서로 구별할 수 없을 만큼은 비슷하지요. 실제로 자연에서 나타나는 프랙털 구조는 대부분 코흐의 곡선처럼 완전한 자기 유사성을 나타내는 것이 아니라 해안선처럼 서로 구별할 수 없을 정도의 유사성을 띠지요.

프랙털 구조를 하고 있는 해안선의 길이를 측정하려면 바닷물과 땅이 만나는 선을 따라 바위를 감싸 돌고, 모래알 주위를 돌면서 측정해야 할 거예요. 바다와 땅이 만나는 경계에 있는 모래 하나하나의 주위를 돌면서 해안선 길이를 측정한다고 생각해 보세요. 코흐의 곡선의 둘레가 무한대가 되는 것처럼 무한대가 되지 않겠어요? 어때요, 프랙털 구조가 재미있지 않나요?

프랙털 차원

크기는 없고 위치만 있는 점은 0차원이에요. 길이만 있는 직선은 1차원이지요. 면적을 가지고 있는 평면은 2차원이고, 부피가 있는 물체는 3차원이에요. 우리가 살고 있는 공간은 3차원이지요. 우리는 차원을 따로 공부하지 않고도 어떤 것이 1차원이고 2차원인지, 아니면 3차원인지 잘 알 수 있어요.

그런데 정말 그럴까요? 정육면체로 잘라 놓은 두부는 3차원이 분명해요. 그러나 이 두부에 구멍이 숭숭 뚫려 있어도 3차원이라고 할 수 있을까요? 정육면체 두부와 구멍이 숭숭

구멍이 숭숭 뚫린 두부는 몇 차원일까?

뚫린 두부는 같을 수가 없어요. 정육면체 두부의 표면적은 일정한 값을 가져요. 그러나 구멍이 숭숭 뚫린 두부의 표면적은 구멍의 수에 따라 달라져서 무한대가 될 수도 있어요.

색종이는 2차원이에요. 그러나 가위로 여기저기 오려 내고 남은 색종이도 2차원이라고 할 수 있을까요? 색종이의 둘레는 일정한 값을 갖지만 수없이 많은 작은 구멍이 생긴 색종이의 둘레는 무한대에 가까워지겠지요. 이렇게 다른 성질을 가지는 두 색종이를 차원이 같다고 하는 것이 오히려 이상하지 않을까요?

그래서 프랙털 기하학에서는 차원을 새롭게 정의했어요. 이 새로운 정의는 어려운 것은 아니지만 고등학교에서나 배우는 수학을 이용해서 정의했기 때문에 여기서 자세하게 설명할 수 없어서 아쉽군요.

새로운 정의에 의해서도 직선은 1차원이고, 평면은 2차원이며, 물체는 3차원이에요. 하지만 구멍이 숭숭 뚫린 두부나 여기저기 오려 낸 색종이는 분수 차원을 가지게 돼요. 다시 말해 2.6차원 또는 1.4차원과 같은 차원을 가지게 되는 것이지요. 물론 그 값은 숭숭 뚫린 정도나 오려 낸 정도에 따라 달라지겠지요. 고등학교에서 배우는 로그 계산법을 알게 되면 간단한 프랙털 구조의 차원을 쉽게 계산할 수 있을 거예요.

자, 이제 프랙털 구조에 대해 어느 정도 이해가 되었나요? 프랙털이라는 말을 어느 정도 이해했다면 카오스 과학의 정의를 다시 살펴볼 수가 있겠군요. 그럼 수업을 시작할 때 했던 카오스 과학의 정의를 다시 한번 살펴볼까요?

나비 효과와 비주기성이 나타나는 비선형 동역학계의 문제를 프랙털 구조를 이용하여 분석하는 학문이라고 했던 것 말이에요. 이제 이 말이 어느 정도 이해가 되나요? 비선형 동역학계가 어떤 것인지 알았고, 나비 효과와 비주기성이 무엇인지 배웠어요.

그리고 비선형 동역학계에서 나타나는 운동을 위상 공간에 그려 보면 기이한 끌개가 나타나는데, 이 기이한 끌개가 바로 프랙털 구조를 하고 있다는 것도 알았어요. 따라서 프랙털 구조를 잘 이해하면 비선형 동역학계에서 일어나는 일들을 어느 정도 이해할 수 있게 되리라는 것을 예상할 수 있을 거예요.

이제 우리는 위상 공간에 나타난 끌개가 어떤 프랙털 구조를 하고 있는지, 그리고 그것을 분석해서 무엇을 알 수 있는지에 대해 공부하기만 하면 카오스 과학을 어느 정도 이해했다고 할 수 있어요. 그러나 그런 것을 공부하기 전에 우선 프랙털 구조에 대해 조금 더 공부하기로 하지요.

다음 시간에는 수학적인 방법으로 프랙털 구조를 만들어 내는 방법에 대해서 설명할 계획이에요. 간단한 수학 계산을 계속해 나가고 그 결과를 그래프로 나타내 보면 아주 재미있고 아름다운 프랙털 구조들이 나타나거든요. 이런 그림들을 통해 우리는 프랙털 구조가 가지는 성질을 좀 더 잘 알아볼 수 있을 거예요.

그럼, 오늘 수업은 여기까지 하겠어요.

만화로 본문 읽기

자연은 왜 모두 이렇게 복잡하게 생겼을까? 이 잎사귀만 봐도 그렇잖아.
하긴 우리 눈에 익숙한 삼각형이나 사각형, 원 같은 건 거의 안 보이네….
꺅, 벌레다!
꺅
꺅
와~, 이 녀석 좀 봐, 등에 아주 복잡하고 아름다운 무늬를 가지고 있는데?

작은 벌레 한 마리도 아주 복잡한 구조를 가지고 있지요.
붕
하지만 이런 복잡한 구조를 만들어 내는 규칙을 찾아내는 사람들이 있답니다.
또 카오스 과학인가요?
이렇게 복잡하고 불규칙해 보이는 데에도 규칙이 있다는 건가요?
그 잎사귀를 확대해서 볼까요?
와, 신기해요!!
이런 간단한 규칙이 반복 적용되어 만들어진 자기 유사성을 가지고 있는 구조가 바로 프랙털 구조랍니다.
이렇게 어느 부분을 잘라 내도 똑같은 모양을 하고 있는 성질을 자기 유사성이라고 해요.
어? 작은 잎 속에 또 더 작은 잎이 있군요!

일곱 번째 수업 7

다양한 프랙털 구조

간단한 원리를 반복 적용하여 만들어지는
여러 가지 모양의 프랙털 구조에 대해 알아봅시다.

7

일곱 번째 수업

다양한 프랙털 구조

교. 과. 연. 계.		
	중등 과학 1	4. 생물의 구성과 다양성
	고등 생물 II	4. 생물의 다양성과 환경

로렌츠가 다양한
프랙털 구조를 알려 주겠다며
일곱 번째 수업을 시작했다.

쥘리아 집합

오늘은 지난 시간에 약속한 대로 수학 계산을 통해 프랙털 구조를 만들어 내는 예를 보여 주려고 합니다. 이 이야기는 비선형 동역학과 직접 관계가 있지는 않아요. 하지만 프랙털 구조를 이해하기 위해서는 꼭 필요한 이야기라고 할 수 있어요. 조금은 수학적인 이야기라 재미없을 수도 있어요. 하지만 수학 계산을 통해 만들어지는 모양들은 무척 아름답고 환상적이어서 이 그림들을 보는 것만으로도 충분히 즐거울 거

예요.

지금부터 배울 쥘리아 집합과 관계된 수학은 조금 복잡해요. 고등학교에서 과학을 공부하는 학생들이 배우는 수학에 속하지요. 하지만 그런 수학을 몰라도 쥘리아가 어떻게 간단한 수학 공식을 이용하여 아름다운 프랙털 구조를 만들어 냈는지를 이해할 수는 있어요.

여러분은 가령 0보다 큰 자연수에서 1보다 작은 수를 제곱하면 더 작은 수가 되지만, 1보다 큰 수를 제곱하면 더 큰 수가 된다는 것을 잘 알고 있을 거예요. 물론 1은 아무리 제곱을 해도 항상 1이지요. 따라서 수직선 위에서 한 점을 택해 그 점을 나타내는 수를 제곱한 후 그 결과를 다시 제곱하고, 그 결과를 다시 제곱하는 일을 반복해 나가면 어떻게 될까요? 처음에 1보다 작은 수를 택했다면 계속 제곱한 결과는 결국 0이 될 거예요. 0과 1 사이에 있는 점들을 나타내는 수들은 이런 계산을 계속 반복하면 수의 크기와 관계없이 결국은 0이 되겠지요.

만약 1을 택했다면 아무리 제곱해도 제자리에 머물러 있을 거예요. 하지만 처음에 1보다 큰 수를 택했다면 제곱을 하면 할수록 더 커질 테니까 처음 택한 숫자의 크기에 상관없이 결국에는 무한대(∞)로 가겠지요. 이제 제곱을 계속해서 0으로 다가가는 구역과 무한대로 다가가는 구역을 다른 색깔로 나타낸다면 수직선은 세 부분으로 나누어질 거예요. 반복 계산을 통해 0으로 다가가는 부분, 아무리 반복 계산을 계속해도 값이 항상 1인 부분, 그리고 무한대로 다가가는 세 부분으로 나눌 수 있다는 것이지요.

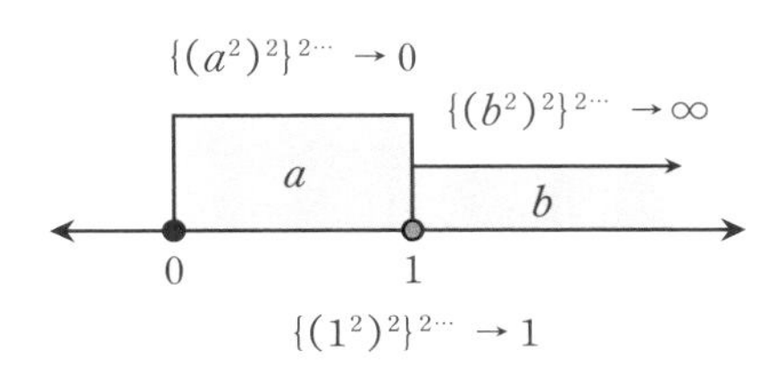

이번에는 두 개의 좌표로 나타나는 평면에서 각각의 성분을 계속 제곱했을 때 각 점들이 어디로 다가가는지 알아볼까요? x좌표와 y좌표의 값이 모두 1보다 작은 점들의 좌표를 계속 제곱하면 결국 x좌표와 y좌표가 모두 0이 되어 원점으로 다가가게 될 거예요. 그러나 x좌표는 1이지만 y좌표의 값이 1보다 작은 경우에 x좌표는 아무리 제곱해도 1이지만 y좌표의 경우는 0으로 다가갈 거예요.

따라서 이런 경우에는 점을 나타내는 좌표를 계속 제곱하면 (1, 0)점으로 다가가겠지요. y좌표는 1이고 x 좌표는 1보다 작은 경우에는 좌표를 거듭제곱하면 결국 (0, 1)점으로 다

가갈 거예요. 물론 (1, 1)을 택했다면 아무리 제곱해도 (1, 1)에 머물러 있게 될 거고요. x좌표와 y좌표가 모두 1보다 큰 경우에는 좌표를 거듭제곱하면 무한대로 다가가겠지요.

이 경우에는 다가가는 점이 다섯 개가 있다는 것을 알 수 있어요. (0, 0), (1, 0), (0, 1), (1, 1), (∞, ∞)가 그것이지요. 이제 좌표 평면 위에 반복 계산을 통해 원점으로 다가가는 영역, (1, 0)으로 다가가는 영역, (0, 1)로 다가가는 영역, (1, 1)로 다가가는 영역, 그리고 무한대로 다가가는 영역을 표시해 보세요. 다른 점으로 다가가는 부분에는 다른 색깔을 칠해 보세요.

어때요? 한 변의 길이가 1인 정사각형이 만들어졌나요? 이 정사각형의 안쪽에 있는 점들은 (0, 0)으로 다가가는 점들이

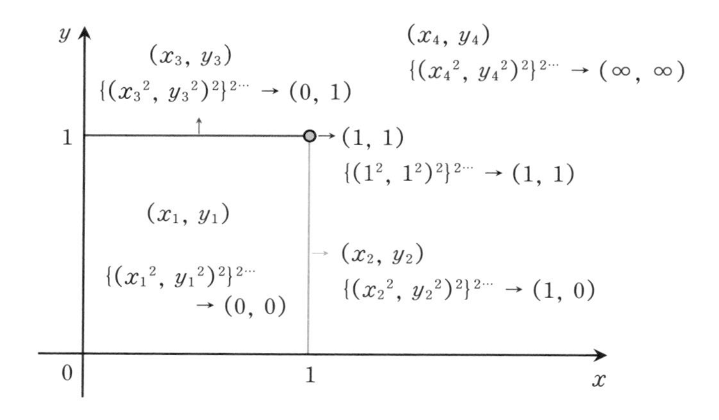

에요. 반면 이 정사각형의 바깥쪽에 있는 점들은 무한대로 다가가는 점들이지요. 그리고 정사각형의 변 위에 있는 점들은 (1, 0)이나 (0, 1), (1, 1)로 다가가게 돼요.

거듭제곱이라는 계산을 통해 우리는 평면의 점들을 몇 가지 집합으로 나눌 수 있고, 그런 집합의 경계가 사각형을 이룬다는 것을 알게 되었어요. 계속해서 제곱을 계산하는 수고를 한 것치고는 볼품없는 도형이 만들어졌지요? 이것은 앞에서 설명한 지도에 물이 한곳으로 모여드는 영역을 표시하는 방법과 비슷하다고 할 수 있어요. 여기서는 물이 흘러가는 곳 대신 반복 계산을 통해 숫자들이 같은 점으로 다가가는 영역을 표시하는 것이지요.

프랑스의 수학자인 쥘리아(Gaston Julia, 1893~1978)는 복소수 평면에서 이와 비슷한 계산을 했어요. 복소수 평면이란 한 축은 실수를, 다른 한 축은 허수를 나타내는 평면이에요. 아직 복소수를 배우지 않은 학생들은 복소수 평면이 낯설게 느껴지겠지만 쥘리아가 했던 계산을 할 수는 있어요. 복소수 평면에서도 한 점은 x좌표와 y좌표로 나타낼 수 있어요. 그러나 좌표의 제곱은 다음과 같은 규칙을 따라야 해요. 이것은 복소수 계산 법칙을 우리가 알고 있는 보통의 계산 법칙으로 바꾸어 놓은 거예요.

$$(x, y)^2 \Rightarrow (x^2 - y^2, 2xy)$$

이렇게 제곱한 결과에 a, b를 더하고, 더한 결과의 좌표를 이용하여 다시 위의 규칙에 의한 계산을 하는 거예요. 그 결과에는 다시 a, b를 더하지요. 이런 계산을 계속 반복해 나가는 거지요. 다시 말해 다음과 같은 계산을 반복해 나간다는 것이지요.

$$(x, y)^2 \Rightarrow (x^2 - y^2 + a, 2xy + b)$$

이것을 좀 더 간단한 기호를 써서 나타내면 다음과 같이 쓸 수 있어요.

$$Z_{n+1} = Z_n^2 + C$$

이것은 다음 점은 이전 점을 복소수 계산법으로 제곱한 다음 $C(a, b)$를 더해서 만든다는 뜻이에요.

보통 카오스를 다룬 책에는 이렇게 복소수 계산법을 써서 나타낸 계산 규칙이 나오는데, 이것은 앞서 x와 y를 이용해 약간 복잡한 식으로 나타낸 계산 규칙과 같은 의미를 가지고 있어요. 따라서 복소수를 배우지 않았다면 이런 계산 규칙은 신경 쓰지 않아도 돼요.

이런 계산을 계속하면 점들이 어디로 다가갈까요? 어떤 점은 무한대로 다가가고 어떤 점은 무한대가 아니라 특정한 점으로 다가가게 되겠지요. 평면의 각 점에서 이런 계산을 반복하여 결과가 무한대로 다가가면 그 점을 흰색으로 칠하고, 무한대로 다가가지 않는 경우에는 그 점을 검은색으로 칠해 보면 다양한 형태가 만들어집니다. 물론 C값에 따라 다른 형태가 나타나지요.

그런데 놀라운 것은 바로 옆에 있는 점도 다가가는 점이 서로 다르다는 거예요. 그래서 무한대로 다가가는 점들과 그렇

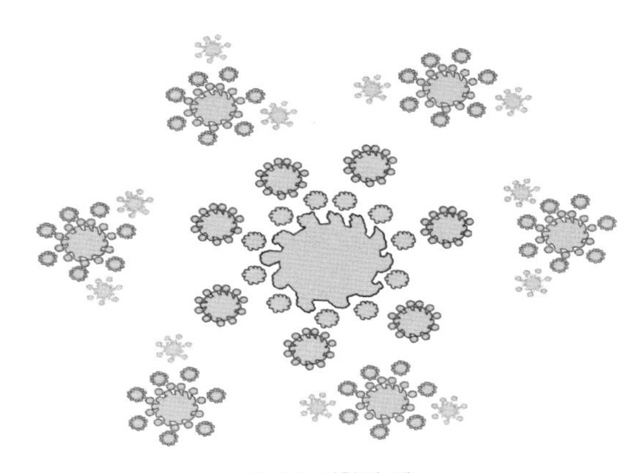

쥘리아 집합의 예

지 않은 점들 사이의 경계가 매끈하지 않고 아주 복잡한 구조를 하고 있지요. 이 구조를 연구한 과학자들은 이 경계의 모양이 프랙털 구조라는 것을 알게 되었어요. 무한대로 다가갈 때 얼마나 빨리 무한대로 다가가느냐에 따라 색깔을 다르게 칠하면 더욱 복잡하고 아름다운 그림을 만들 수 있어요.

쥘리아는 컴퓨터를 이용하지 못하던 시대에 이러한 연구를 했었기 때문에 쥘리아 집합이 만들어 내는 다양한 아름다운 그림들을 충분히 감상할 수 없었어요.

요즈음에는 인터넷에서 쥘리아 집합을 그림으로 나타내는 프로그램을 내려받아 여러 가지 C값을 대입해 가면서 자신

쥘리아 집합의 예

이 직접 다양한 그림을 만들어 볼 수도 있어요. 컴퓨터로 계산할 때는 일정한 값 이상으로 커지면 무한대로 간 것으로 보고, 일정한 횟수 이상을 계산해도 그 값이 특정한 값을 넘지 않으면 무한대로 가지 않는 것으로 간주하지요. 더 정밀한 그림을 그리고 싶으면 계산 횟수를 크게 잡으면 돼요. 하지만 그렇게 되면 컴퓨터가 계산하는 시간이 오래 걸리겠지요.

만델브로의 생강빵 사람

쥘리아가 생각해 냈던 쥘리아 집합을 유명하게 만든 사람은 만델브로였어요. 수학자 만델브로는 1980년에 처음으로 만델브로 집합을 형성하는 점들이 만들어 내는 유명한 그림을 논문에 실었어요. 이 그림을 자세히 보세요.

로렌츠 교수는 가져온 그림을 들어 학생들에게 보여 주었다. 그림은 눈사람 같기도 하고, 곰팡이를 확대한 모습 같기도 했다.

어때요, 생강빵 사람 같아 보이나요? 생강빵 사람이 뭐냐고요? 빵을 구우면 표면이 우툴두툴해지잖아요. 이 그림을

얼핏 보면 사람처럼 보이고요. 피부는 구운 빵 같고 모양은 사람 같아서 생강빵 사람이라고 부르게 되었을 거예요. 내가 보기에는 지저분한 눈사람을 더 닮은 것 같아 보이지만요.

모습은 못생겼어도 아주 유명해져 물리학이나 수학을 공부하지 않는 사람들에게도 익숙한 그림이 되었어요. 물리학 책은 물론 미술 책, 심지어는 만화책에도 자주 등장하는 그림이 되었지요. 더구나 어느새 이 그림은 내가 만든 나비를 닮은 프랙털 그림과 함께 카오스 과학을 대표하는 그림이 되었어요. 따라서 카오스를 이야기할 때는 항상 등장하는 대표적인 그림이지요.

그러면 이제 만델브로 집합을 어떻게 그리는지 알아볼까요? 만델브로 집합을 그리는 방법은 쥘리아 집합을 그림으로 나타내는 과정과 아주 비슷해요. 수식도 같은 것을 사용하지요. 쥘리아 집합은 특정한 C(a, b)에 대하여 $z \to z^2+c$의 계산을 반복했을 때 무한대로 발산하지 않는 z점들의 집합이었어요.

그러나 만델브로의 생강빵 사람을 만들 때는 z는 원점에서 시작해요. 대신 여러 가지 C점에 대해 $z \to z^2+c$의 계산을 반복하지요. 만약 이 계산을 반복한 결과가 무한대로 발산하면 그때 C가 나타내는 점을 흰색으로 칠하고, 수없이 반복 계산을 해도 결과가 일정한 범위를 벗어나지 않으면 점을 검은색으로 칠해요. 이런 방법으로 모든 C에 대하여 계산을 반복하여 결과를 그림으로 나타내면 하나의 그림이 그려지는데, 그것이 바로 만델브로 집합이에요.

과학자의 비밀노트

복소수(complex number)

수학에서 $a+bi$로 나타낼 수 있는 수이다. 이때 a와 b는 실수이고, i는 제곱하면 -1이 되는 허수이다. 이때 a는 복소수의 실수부, b는 복소수의 허수부라고 한다. 또 한편 복소수는 가로축을 실수축, 세로축을 허수축으로 한 복소평면에 나타나는 한 점의 좌표로도 볼 수 있다. 복소수에서도 실수에서 성립하는 사칙 연산을 정의할 수 있다. 예를 들면 복소수도 실수와 마찬가지로 덧셈과 곱셈에 닫혀 있다. 다른 수와의 관계를 비교하면 자연수⊂정수⊂유리수⊂실수⊂복소수가 된다.

만델브로 집합을 만드는 수식이나 적용하는 방법은 아주 간단하지만 그 결과로 만들어진 그림의 모습은 아주 복잡하지요. 무한대로 발산하는 영역과 일정한 값으로 수렴하는 영역의 경계는 쥘리아 집합과 마찬가지로 매끄러운 선이 아니라 아주 복잡한 구조를 하고 있어요. 이 경계 부분을 크게 확대해 보면 그 안에 작은 생강빵 사람이 들어 있는 것을 발견할 수 있어요. 따라서 이것 역시 자기 유사성을 가지고 있는 프랙털 구조라는 것을 알 수 있어요.

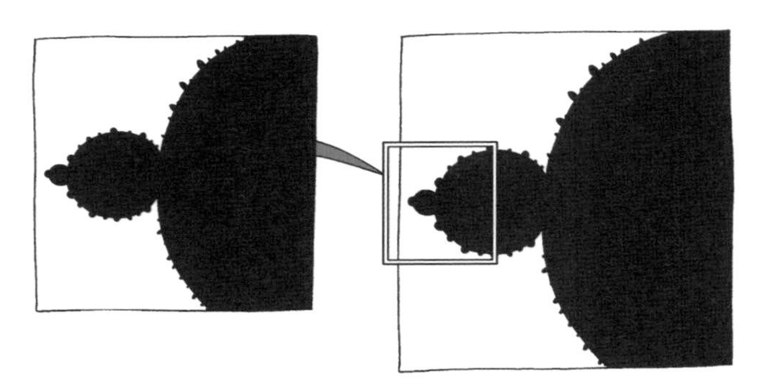

그림을 확대해 보면 생강빵 사람 속에 다른 생강빵 사람이 들어 있다.

만델브로의 집합 속에 흥미 있는 수학적 성질이 많이 숨어 있다는 것을 알게 된 수학자들은 이 구조를 집중적으로 연구했어요. 그 결과 쥘리아 집합과 만델브로 집합 사이에 밀접한 관계가 있다는 사실을 발견하기도 했지요. 하긴 쥘리아 집합과 만델브로 집합이 모두 같은 계산식으로부터 만들어졌으니까 밀접한 관계가 있는 것이 어쩌면 당연한 일이겠지요?

여러 학생들은 이렇게 간단한 수식이 만들어 놓은 이 아름다운 미술 작품을 보는 것만으로도 충분히 즐거웠을 거예요. 그런데 프랙털 구조는 전혀 예상치 못하던 다른 곳에서도 발견되지요.

로지스틱 맵

이번에는 풀밭으로 나가 보기로 하지요. 풀밭에는 메뚜기가 있어요. 풀밭에 뛰어놀고 있는 메뚜기의 수는 얼마나 될까요? 금년의 메뚜기 수를 알면 내년의 메뚜기 수를 예측할 수 있을까요? 만약 금년의 메뚜기 수를 알고 있고 메뚜기의 증가율을 알고 있다면 내년 메뚜기 수를 정확하게 예측할 수 있을 거예요. 내년의 메뚜기 수(N_{n+1})는 금년의 메뚜기 수(N_n)에 증가율을 곱하면 얻을 수 있어요.

$$N_{n+1} = \mu N_n$$

이 식에서 μ가 바로 메뚜기의 증가율이에요. 만약 메뚜기의 증가율이 1보다 크다면 메뚜기의 수는 해마다 늘어나겠지요. 그렇지만 메뚜기가 한없이 늘어나는 것이 가능할까요? 한정된 풀밭에 메뚜기의 수가 무한대로 늘어나는 것은 가능하지 않아요. 따라서 이 식은 잘못된 식이라는 것을 알 수 있어요. 그래서 생태학자들은 메뚜기의 수를 예측하는 좀 더 그럴 듯한 식을 만들었어요.

$$N_{n+1} = \mu N_n(1 - N_n)$$

정확한 μ값만 알면 이 식을 이용해 훨씬 정확하게 메뚜기의 수를 예측할 수 있어요. 그런데 이 식을 이용하여 메뚜기의 수를 연구하던 과학자들은 아주 재미있는 현상을 발견했어요.

어떤 특정한 μ값에서는 오랜 세월이 지난 후에 풀밭의 메뚜기 수가 처음 메뚜기 수에 관계없이 항상 일정한 값으로 다가가지요. 그러나 어떤 μ값에서는 오랜 세월이 지난 후에 하나의 메뚜기 수가 아니라 두 가지 메뚜기 수로 다가가게 돼요. 또 다른 μ값에서는 메뚜기 수가 네 가지 값으로 다가가지요. 이렇게 μ값을 변화시켜 가다 보면 메뚜기 수가 거의 모든 값을 가지게 되어 예측이 불가능하게 돼요.

이것을 그림으로 그린 것을 로지스틱 맵이라고 하는데, 마치 하나의 가지가 두 개의 가지로 갈라지고, 두 개의 가지가 다시 네 개로, 네 개가 여덟 개의 가지로 갈라지는 나무와 닮았어요. 이 그림에서도 어느 한 부분을 선택하여 확대하면 전체 모습이 나오는 자기 유사성을 발견할 수 있어요. 따라서 이것 역시 프랙털 구조지요.

이렇게 하나가 두 가지로, 그리고 두 가지가 다시 네 가지로 갈라져 가는 것을 갈래짓이라고 해요. 갈래짓은 규칙적인 행동을 보이던 것이 점차 혼돈스런 카오스 영역으로 들어가는 모양을 잘 보여 주고 있어요. 이렇게 프랙털 구조는 도처

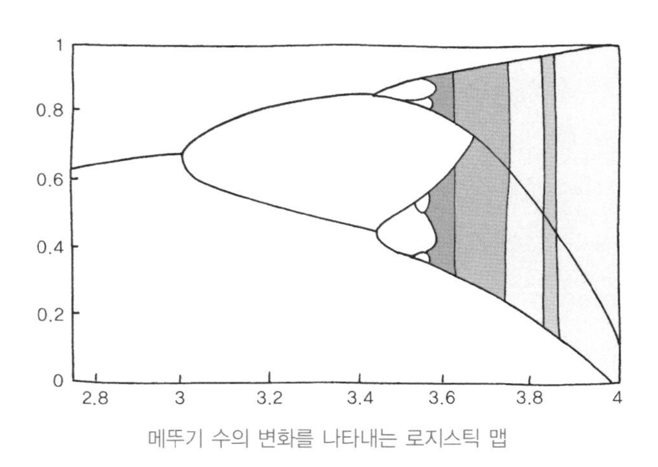

메뚜기 수의 변화를 나타내는 로지스틱 맵

에서 발견할 수 있어요. 즉 자연에서, 수학의 계산식에서, 생태계에서 그리고 비선형 동역학계의 운동 상태를 나타내는 위상 공간에서 나타나지요.

아무런 규칙성이 없고 복잡해 보이기만 하는 이런 구조 속에 의외로 간단한 규칙이 숨어 있었던 것이지요. 비선형 동역학 이야기를 하다가 왜 프랙털 구조 이야기를 하게 되었는지 이해할 수 있나요?

다음 시간에는 여러 가지 비선형 동역학의 문제를 위상 공간에 나타난 프랙털 구조를 이용하여 어떻게 다루는지에 대해 알아볼 거예요. 오늘 이야기는 조금 수학적인 이야기라서 지루했을지도 모르지만 아마 재미있는 그림들 때문에 즐겁게 수업을 들을 수 있었을 거예요.

오늘 수업 내용을 복습하는 숙제를 하나 내줄까요? 여러분 집에 컴퓨터 다 있지요? 컴퓨터를 켜고 인터넷에 연결한 후에 검색 창에 '프랙털' 또는 'fractal'을 쳐서 프랙털과 관계된 그림 파일을 모아 보세요. 다음 시간까지 한 사람이 적어도 10장 이상의 그림을 모아 오는 것이 숙제예요. 그러면 다음 시간에 다시 만나요.

만화로 본문 읽기

그럼 이번엔 우리가 프랙털 구조를 한번 만들어 볼까요?
네! 복잡하지만, 정말 신기해요.

먼저 삼각형을 하나 그려 봅시다.
쓰윽

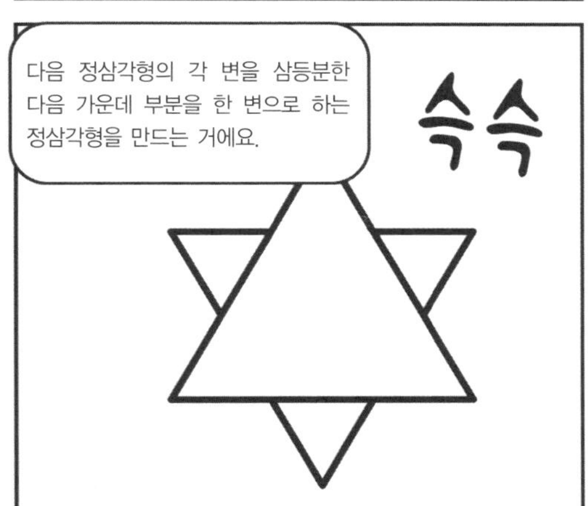

다음 정삼각형의 각 변을 삼등분한 다음 가운데 부분을 한 변으로 하는 정삼각형을 만드는 거에요.
슥슥

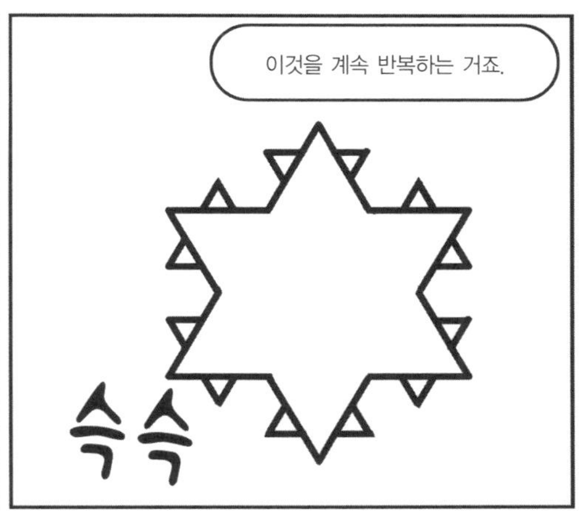

이것을 계속 반복하는 거죠.
슥슥

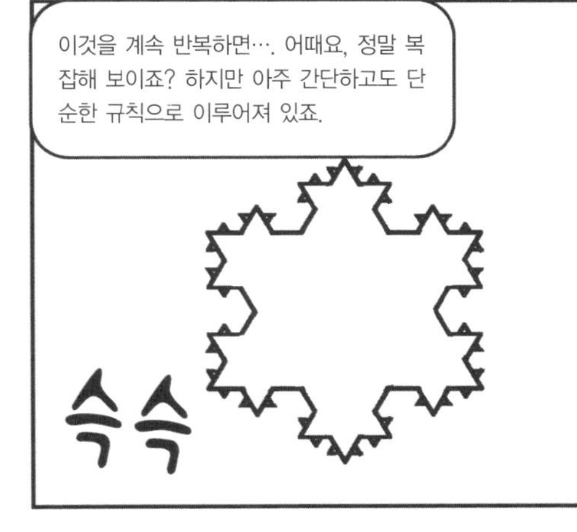

이것을 계속 반복하면…. 어때요, 정말 복잡해 보이죠? 하지만 아주 간단하고도 단순한 규칙으로 이루어져 있죠.
슥슥

어때요? 제 건 더 복잡해 보이죠?
눈이 핑핑 도는군요!
맙소사, 적당히 좀 해라!

마 지 막 수 업 8

스키 슬로프를 카오스 과학으로 분석하다

카오스 과학을 이용하여 스키 슬로프를 내려오는 사람들의 속도 분포를 분석하는 방법을 알아봅시다.

8

마지막 수업

스키 슬로프를 카오스 과학으로 분석하다

교.	초등 과학 5-1	4. 물체의 속력
과.	중등 과학 1	7. 힘과 운동
연.	중등 과학 2	1. 여러 가지 운동
계.	고등 물리 I	1. 힘과 에너지
	고등 물리 II	1. 운동과 에너지

로렌츠가 조금 아쉬운 마음으로 마지막 수업을 시작했다.

카오스가 나타나는 스키 슬로프

어느새 마지막 수업이군요. 지금까지 내 수업을 들은 학생들은 이제 나비 효과와 비주기성이 나타나는 비선형 동역학계의 문제를 위상 공간에 나타난 프랙털 구조를 이용해 분석한다는 것이 무슨 뜻인지 알게 되었을 거예요. 몇 번의 수업을 듣고 이렇게 어려운 말을 이해하게 되었다면 그것은 대단한 소득이지요.

오늘은 마지막 수업이니까 비선형 동역학계의 문제를 위상

공간에 나타난 프랙털 구조를 분석하여 이해하는 실제 예를 보여 줄 생각이에요. 비선형 동역학계는 우리 주위에서 얼마든지 발견할 수 있어요. 그러나 나는 스키장 그림을 보여 주며 설명할 거예요. 스키장에 대한 이야기는 한국에서도 번역 출판된 《카오스의 본질》에서 내가 이미 설명했던 내용이에요. 따라서 그 책을 읽어 본 학생들은 이 이야기를 아주 쉽게 이해할 수 있겠지요.

로렌츠 교수가 보여 준 스키장 그림에는 사람들로 가득했다. 신나게 스키를 타고 내려오는 사람, 굴러 내려오는 사람, 서로 부딪치는 사람, 넘어졌다가 일어나려고 애쓰는 사람 등등이 뒤엉켜 스키장이 모두 사람으로 가득 찬 것처럼 보였다.

스키가 스키 슬로프를 따라 내려오게 하는 힘은 지구 중력이에요. 그러나 지구 중력만 작용한다면 모든 스키들이 높은 곳에서 낮은 곳으로 똑바로 내려올 거예요. 하지만 스키 슬로프에는 주위보다 약간 높은 둔덕도 있고 주위보다 약간 낮은 웅덩이도 있어요. 슬로프가 이렇게 울퉁불퉁하기 때문에 사람이 스스로 흔들지 않아도 좌우로 왔다 갔다 하면서 내려오게 돼요.

그렇다면 스키 슬로프를 내려오는 스키의 운동을 역학적으로 다룰 수 있을까요? 다시 말해 슬로프의 맨 위에서 특정한 방향으로 일정한 속도로 출발했을 때 어떤 지점에 어떤 속도로 도착할지를 역학 계산을 통해 미리 알 수 있을까요? 만약 스키 슬로프가 비선형 동역학계가 아니라면 당연히 역학 계산을 통해 알 수 있겠지요. 하지만 스키 슬로프가 비선형 동역학계라면 그것을 아는 것은 거의 불가능한 일일 거예요.

그러면 우선 스키 슬로프에서는 어떤 일이 일어나는지를 살펴봐야겠군요. 실제 스키 슬로프에는 둔덕과 웅덩이가 불규칙하게 놓여 있고 둔덕과 웅덩이의 모양과 크기도 모두 달라 스키가 어떻게 내려갈지를 수학 계산을 통해 알아보는 것은 거의 불가능할 거예요. 따라서 수학 계산을 통해 스키의 이동 경로를 알아보기 위해서는 수학 계산이 가능하도록 다

음 그림과 같은 스키장 모델을 만들어야 해요.

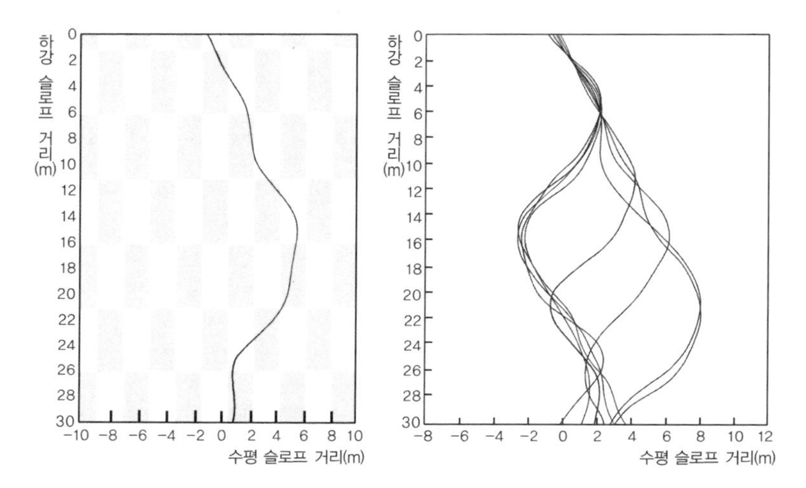

카오스 스키장의 구조. 왼쪽 그래프에서 푸른 부분은 둔덕을 나타내고, 흰 부분은 주위보다 낮은 지역을 나타낸다. 그래프에 나타난 선은 스키의 이동 경로이다. 오른쪽 그래프에 나타난 선들은 10cm씩 떨어진 점에서 출발한 여덟 대의 스키가 슬로프를 내려가는 경로이다.

이 스키장에는 높이와 깊이가 똑같은 둔덕과 웅덩이가 규칙적으로 배열되어 있어요. 각각의 웅덩이와 둔덕을 통과할 때는 스키 속도의 아래 방향 성분과 수평 방향 성분이 일정한 방법으로 달라지도록 했어요.

이제 이 스키장에서 스키를 타 볼까요? 실제로 스키를 탈 때는 사람이 스틱과 발을 이용해서 방향을 바꿔요. 따라서 스키가 일정한 경로를 따라 움직이지요. 그러나 우리가 만든 모델 스키장에서는 스키가 오로지 중력과 둔덕, 그리고 웅덩이에 의해서만 움직이도록 되어 있어요. 이 스키장에서 스키가 어떻게 움직이는지를 계산해 보면 아주 재미있는 결과가 나와요.

우선 여덟 대의 스키를 10cm씩 떨어져서 출발시켰어요. 그 결과 스키는 전혀 다른 길을 따라 아래에 도착한다는 사실을 알 수 있어요. 처음 얼마 동안은 비슷한 길을 따라 내려가지만 점점 사이가 벌어져 16m를 지날 때쯤에는 서로 아주 멀리 떨어지게 돼요. 158쪽의 오른쪽 그래프를 보면 도착 지점 부근에서는 다시 스키 사이의 거리가 가까워진 듯 보이지만 더 내려간다면 간격은 더욱 벌어질 거예요.

이번에는 여섯 대의 스키를 1mm 간격으로 출발시켜 볼까요? 이때도 스키의 경로는 아래로 내려감에 따라 크게 벌어지는 것을 알 수 있어요.

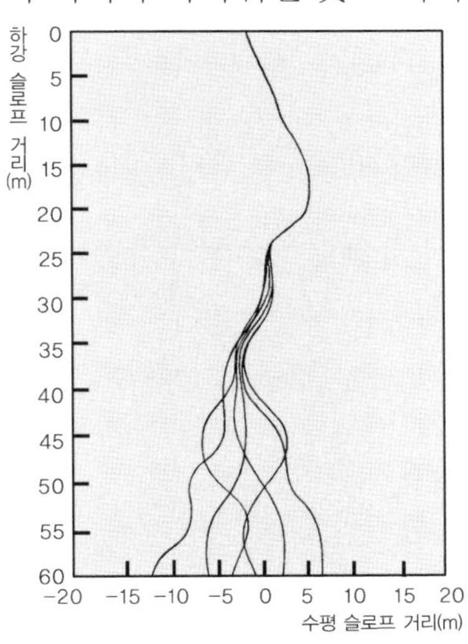

1mm 간격을 두고 출발한 여섯 개의 스키 하강 경로

앞의 오른쪽 그래프와 옆의 그래프는 스키가 슬

로프를 따라 내려가는 경로가 출발 위치에 따라 민감하게 변한다는 사실을 나타내는 거예요. 이것을 다른 말로 하면 스키의 하강 경로는 초기 조건에 민감하다고 할 수 있어요. 초기 조건에 민감하다는 말은 스키 슬로프가 비선형 동역학계라는 사실을 나타내는 것이지요. 스키 슬로프가 비선형 동역학계라는 사실은 다른 것을 이용해서도 확인할 수 있어요.

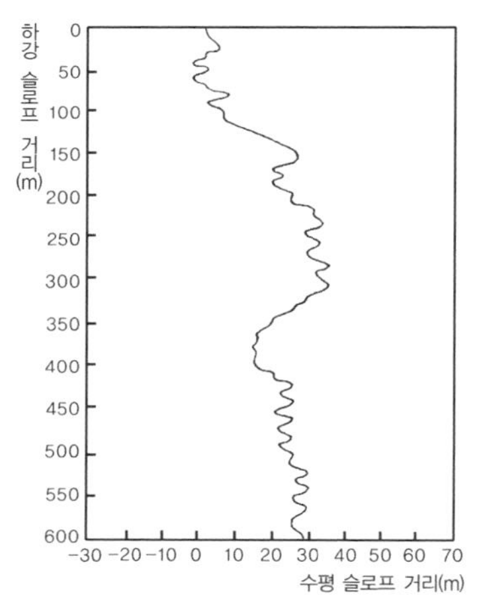

특정한 점에서 출발한 스키가 둔덕과 웅덩이에 부딪히면서 내려가는 경로

왼쪽 그래프는 스키가 둔덕과 웅덩이에 부딪히면서 아래로 내려가는 모양을 그래프로 나타낸 것이에요. 스키는 둔덕과 웅덩이에 부딪힐 때마다 좌우로 방향을 바꾸게 되지요. 그런데 그래프를 자세히 보면 좌우로 방향을 바꾸는 데 아무런 주기성이 없어요.

아주 짧은 간격으로 좌우로 방향을 바꾸는가 하면, 한참 동안이나 오른쪽으로 가다가 다시 한참 동안 왼쪽으로 가기도 하지요. 이렇게 아무런 규칙도 없이 좌우로 방향을 바꾸는 것은 비선형 동역학계에서 나타나는 비주기성이에요. 따라서 스키 슬로프는 초기 조건의 민감성과 함께 비주기적 성질도 보여 주고 있어요. 이러한 비주기성은 스키 슬로프가 비선형 동역학계라는 또 다른 증거지요.

스키 슬로프가 비선형 동역학계이기 때문에 우리는 어떤 스키가 어떤 지점에 도달할지를 예측하는 일이 거의 불가능하지요. 그렇다면 이제 카오스 과학으로 스키의 문제를 다루어 봐야겠군요. 스키의 문제를 카오스 과학으로 다루려면 우선 스키의 운동을 위상 공간에 그렸을 때 어떤 끌개가 나타나는지를 알아봐야겠지요?

스키 슬로프의 중간 지점을 원점으로 하고 그 지점으로부터 오른쪽은 플러스(+), 왼쪽은 마이너스(−)로 나타내기로 해요. 그러면 스키 슬로프의 폭이 60m라고 한다면 스키는 −30과 +30 사이의 어느 지점에서 출발하겠군요. 이제 스키의 아래 방향 속력은 무시하고 오른쪽 또는 왼쪽 방향 속력이 어떻게 변하는지를 그래프로 그려 보기로 해요. 스키가 오른쪽으로 가고 있을 때의 속도는 플러스, 왼쪽으로 달리고 있을 때의 속도는 마이너스로 나타내기로 합시다.

그러면 출발점에서 임의의 방향으로 출발하는 5,000개의 스키들은 앞쪽 그림의 ①번 그래프에 나타난 것처럼 출발점

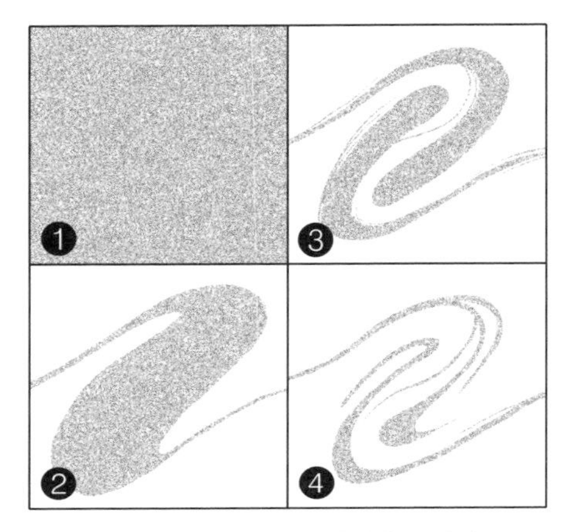

위상 공간에 나타난 스키의 운동 상태

과 그때의 좌우 속도를 나타내는 위상 공간을 꽉 채우게 될 거예요. 이 그래프에서 어떤 한 점을 선택하였을 때 그 점의 수평 좌표는 슬로프의 중앙에서 스키가 출발하는 지점까지의 거리를 나타내고, 수직 좌표는 스키의 좌우 속도를 나타내지요. 그래프에 나타난 것처럼 출발할 때 스키는 아무런 질서나 규칙도 없이 혼돈스럽게 출발하지요.

②번과 ③번, ④번 그래프는 스키가 각각 5m, 10m, 15m 내려갔을 때 5,000개의 스키 위치와 수평 방향 속도를 나타내고 있어요. 아무런 규칙이 없을 것 같던 스키의 운동을 위상 공간에 그려 보았더니 어떤 질서가 나타나기 시작했지요?

스키를 아래로 더욱 내려가게 하면 그래프는 점점 뚜렷한

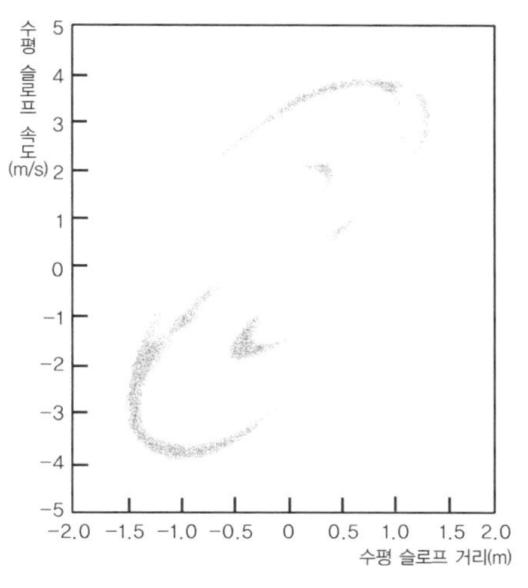

스키의 운동을 나타내는 기이한 끌개

모습을 보이는데, 이 그림은 우리가 지금까지 공부해 온 프랙털 구조를 띤다는 사실을 알 수 있어요. 따라서 이것은 스키의 운동을 나타내는 기이한 끌개이지요.

우리는 기이한 끌개를 통해 스키의 좌우 방향 속도가 어떤 변화를 보일지 알 수 있어요. 이런 분석을 통해 스키 하나하나가 어떤 길을 따라 어떻게 내려갈지를 알 수는 없겠지만, 많은 스키들이 어떤 분포를 보일지는 알 수 있을 거예요. 이제 스키 슬로프에서 일어나는 문제를 어떻게 카오스 과학으로 다루는지 대략 짐작할 수 있겠어요?

여기서 주의할 점은 이 그림은 스키를 타는 사람들의 위치

분포가 아니라는 것이에요. 사람들은 여전히 아주 복잡한 모양으로 어울려서 스키를 타겠지요. 그러나 그들의 위치와 수평 방향의 속도를 그래프에 나타내 보면 이런 모양이 나타난다는 것이에요. 그러니까 카오스 과학을 통해 아무 규칙 없이 복잡하게 흩어져 스키를 타고 있는 사람들 속에 이런 아름다운 형태가 숨어 있다는 사실을 알아낼 수 있지요.

카오스 과학의 미래

카오스 과학은 이렇게 위상 공간에 나타난 기이한 끌개를 통해 비선형 동역학계에서 어떤 일이 일어나는지를 이해하는 것이에요. 카오스 과학은 불규칙하고 혼돈스러워서 과학적으로 분석할 수 없을 것만 같았던 많은 문제들을 이해하는 데 큰 도움을 주었어요. 그런 문제 중에 하나가 난류의 문제예요. 물은 매우 복잡한 소용돌이를 치면서 흘러가잖아요. 물이 흘러가는 모양은 너무 복잡해서 과학적으로 분석하는 것이 불가능해 보여요. 하지만 카오스 과학을 통해 난류가 어떻게 만들어지는지를 이해하게 되었지요.

목성의 표면에는 대적반이라는 커다란 붉은 반점이 있어

요. 이 점은 지구가 세 개나 들어갈 수 있을 정도로 커요. 과학자들은 이 반점이 목성 표면에 불고 있는 커다란 소용돌이 바람이라는 것을 알아냈어요. 목성을 자세하게 관측하기 시작한 이래 300년이나 계속 불고 있는 거대한 회오리바람이지요. 과학자들은 오랫동안 이 회오리바람이 어떻게 만들어지는지를 이해할 수 없었어요. 그러나 카오스 과학을 이용하면 회오리바람이 만들어지는 과정을 이해할 수 있어요.

1980년대 카오스 과학이 사람들의 관심을 끌기 시작하자 많은 사람들은 아직 잘 이해하지 못하고 있던 여러 가지 문제들을 카오스 과학을 통해 이해해 보려고 시도했어요. 어떤 사람들은 은하와 같은 거대한 천체의 구조가 만들어지는 것을 카오스 과학으로 이해하려고 시도했고, 어떤 사람들은 주식 가격의 변동을 카오스 이론을 통하여 분석하려고 노력하

과학자의 비밀노트

목성의 대적반

목성의 적도 바로 아래의 남반구에서 붉은색을 띤 반점. 크기는 지구의 5배나 된다. 목성 탐사선들의 관측 결과, 대적반은 태풍과 비슷한 거대한 폭풍우로 밝혀졌다. 목성의 자전에 의해 발생하는 대기의 거대한 소용돌이다.

기도 했지요.

그중에는 성공을 거둔 것도 있고 성공하지 못한 것도 있어요. 그러나 카오스 과학은 이제 갓 탄생한 과학이라고 할 수 있어요. 앞으로 카오스 과학이 더욱 발달하면 현재는 잘 이해하지 못하고 있는 많은 현상들을 이해할 수 있게 될 것으로 기대하고 있어요.

지금까지 수업을 잘 들어주어서 고맙게 생각해요. 이제 카오스 과학은 정의를 이해할 수 있겠어요? 아직 잘 이해할 수 없는 사람은 시간이 지나고 많은 것을 배우다 보면 어느 순간 '아, 그게 이것이로구나!' 하는 순간이 꼭 올 거예요.

자, 그럼 여러분이 더욱 공부 열심히 해서 새로운 것을 알아 가는 즐거움을 느낄 수 있기를 바라면서 수업을 마치겠습니다. 수고 많았어요.

학생들은 열렬한 박수로 그동안 열심히 수업해 주신 로렌츠 교수에게 감사를 표했다.

만화로 본문 읽기

자, 여기서 내려가도록 하죠!
샤악
슈악
진짜 신나요!

거의 같은 위치에서 출발했는데 도착은 이렇게 다르군요! 여기도 나비 효과가 작용한 것이지요?
스키장에 나비가 있다고요?
슈악
슈악

하강 슬로프 거리
수평 슬로프 거리
이 그림은 1mm 간격으로 출발한 스키 6개의 하강 경로예요.

저렇게 무질서해 보이는데 어떻게 그걸 예측할 수 있는 거죠?!
슈아악
슈아악
샤악

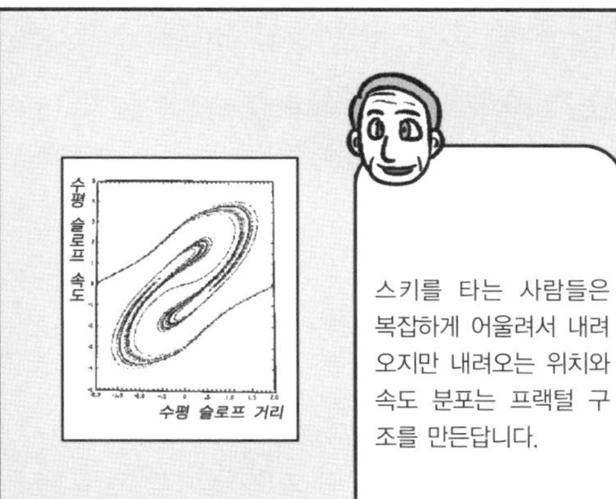
수평 슬로프 속도
수평 슬로프 거리
스키를 타는 사람들은 복잡하게 어울려서 내려오지만 내려오는 위치와 속도 분포는 프랙털 구조를 만든답니다.

우리가 아무렇게나 타는 스키도 카오스 과학은 다 알고 있는 거네요?
스키도 타고, 카오스 이론도 알게 되고. 이런 게 바로 일석이조인 거죠?
맞는 말이네요, 하하하! 그럼 또 비선형 끌개를 시작해 볼까요?!

과학자 소개

카오스 이론의 선구자 로렌츠 Edward Norton Lorenz, 1917~2008

로렌츠는 1917년에 미국 코네티컷 주 다트머스에서 태어났습니다. 뉴햄프셔에 있는 다트머스 대학교와 케임브리지에 있는 하버드 대학교에서 수학을 공부했습니다. 그리고 제2차 세계 대전 중이던 1942년부터 1946년까지 4년 동안 미국 육군 항공대 기상 관측소의 기상 예보관으로 근무했습니다.

전쟁이 끝난 후 대학교로 돌아와 군에서의 경험을 살려 기상학을 공부하기로 마음먹고 MIT 대학원에 진학하였습니다. MIT 대학원을 졸업한 후에는 MIT 교수가 되어 1987년 은퇴할 때까지 근무했습니다. 은퇴 후에는 2008년 사망할 때까지 MIT의 명예 교수로 있었습니다. 따라서 로렌츠는 일생의 많은 시간을 MIT 교수로 지낸 사람이라고 할 수 있습니다.

MIT 교수로 있던 1950년대에 로렌츠는 기후와 관계된 변수들이 비선형적이므로 그때까지 사용해 오던 선형적인 날씨 모델이 날씨의 변화를 이해하는 데 적당하지 못할 것이라는 생각을 했습니다. 따라서 날씨의 변화를 나타내는 간단한 비선형 모델을 만든 후 컴퓨터를 이용하여 이 비선형 모델이 어떤 결과를 나타내는지 분석하기 시작했습니다.

이러한 그의 연구 결과는 1963년 미국 과학 학술지에 〈결정적인 비주기적 흐름〉이라는 제목의 논문으로 발표되었는데, 이 논문은 카오스 과학의 기초가 되었습니다. 1969년에는 비선형 동역학계가 나비 효과라고 불리는 특징을 가지고 있다고 설명했습니다.

로렌츠는 은퇴 후에도 연구를 계속하여 많은 상을 수상하였습니다. 1991년에는 지구와 행성 대기를 연구한 성과로 교토상을 받았고, 2004년에는 바이스 발로트상을 수상했습니다. 2008년 4월 16일 암으로 세상을 떠나기 일주일 전까지도 동료와 같이 연구 논문을 마무리했고, 규칙적으로 운동을 계속했다고 합니다.

과학 연대표

언제, 무슨 일이?

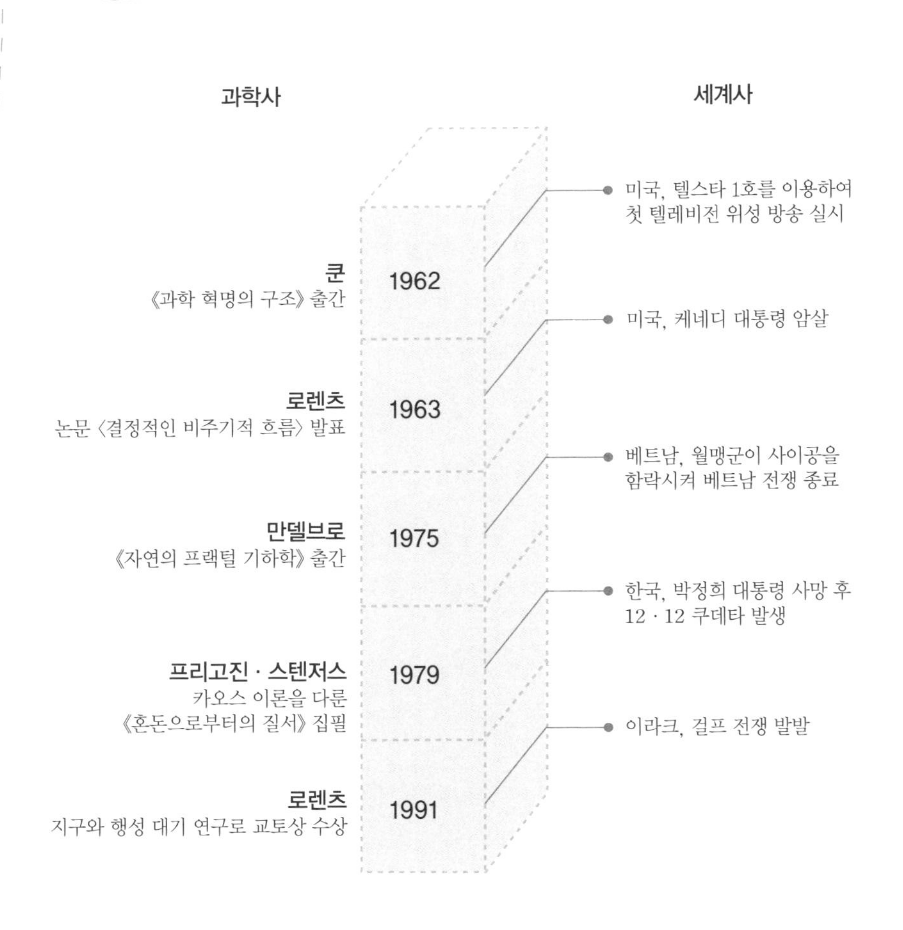

체크, 핵심 내용

이 책의 핵심은?

1. □□□ 과학이란 나비 효과와 비주기성이 나타나는 비선형 동역학의 문제를 프랙털 기하학을 이용하여 분석하는 과학입니다.
2. 정지해 있는 물체 사이에 작용하는 힘을 다루는 학문은 □□□ 이고, 움직이는 물체에 작용하는 힘을 다루는 학문은 □□□ 입니다.
3. 원인과 결과 사이의 관계가 매우 복잡한 함수로 나타나는 체계를 □□□□ 라고 합니다.
4. 초기 조건의 작은 변화가 결과에 큰 차이를 가져온다는 초기 조건의 민감성은 □□ □□ 라고 합니다.
5. '로렌츠의 □□□□'는 카오스 과학에서 설명하려는 비선형 동역학계의 특징인 비주기성을 잘 나타내고 있습니다.
6. 어느 한 점이나 형태로 다가가지 않고 계속 새로운 점을 지나가지만 일정한 범위를 벗어나지 않는 끌개를 □□□ □□ 라고 합니다.
7. 간단한 규칙이 반복 적용되어 만들어진 자기 유사성을 가지고 있는 구조를 □□□ 구조라고 합니다.

1. 카오스 2. 정역학, 동역학 3. 비선형계 4. 나비 효과 5. 물레방아 6. 기이한 끌개 7. 프랙털

이슈, 현대 과학

카오스 과학의 미래

뉴턴 역학이 등장한 이래 지난 300년간 근대 과학은 놀랍도록 빠르게 발전했습니다. 대다수의 과학자들은 자연 현상을 수식으로 표현하고, 수식으로 나타난 방정식을 풀면 자연 현상이 내포하는 세계를 완전히 이해할 수 있다는 생각을 갖게 되었습니다. 하지만 과학의 발전에도 인간이 이해한 것보다도 이해하지 못한 것이 훨씬 더 많습니다.

1970년대 등장한 카오스 과학은 자연에 대한 인간의 이해가 아직 일부에 지나지 않는다는 사실을 다시 한번 보여 주었습니다. 카오스 과학은 비선형 동역학계의 문제를 프랙털 구조를 이용해 분석하는 과학입니다.

카오스 과학의 등장은 컴퓨터의 발달이라는 20세기 기술 혁신에 의해서 가능하게 되었습니다. 과거의 통상적인 과학 이론과 달리 컴퓨터를 사용한 모의 실험을 통해, 아직 이론이 확립되지 않은 상태에서 새로운 형태의 카오스 패턴을 실험적으로 발견하기도 합니다.

그러나 카오스 과학에서 다루고 있는 것은 결정론적인 혼돈 현상뿐입니다. 결정론적인 혼돈 현상이란 위상 공간에서 기이한 끌개를 나타내는 혼돈 현상을 말합니다. 따라서 카오스 과학의 발전에도 인간이 아직 이해하지 못하고 있는 부분은 얼마든지 있습니다.

인간은 새로운 방법과 이론의 발견을 통해 불가능해 보이던 것을 실현시켰던 경험을 수없이 가지고 있습니다. 카오스 과학은 자연 과학뿐만 아니라 인류의 합리적인 인식 체계 전 분야에 큰 영향을 미칠 것입니다. 따라서 창조적인 새로운 방법과 이론을 제안하여 카오스 과학에서도 다룰 수 없는 혼돈스런 현상을 다룰 수 있게 되는 날도 곧 오리라고 기대합니다.

찾 아 보 기

어디에 어떤 내용이?

과학자가 들려주는 과학 이야기(전 130권)

정완상 외 지음 | (주)자음과모음

위대한 과학자들이 한국에 착륙했다!
어려운 이론이 쏙쏙 이해되는 신기한 과학수업,
〈과학자가 들려주는 과학 이야기〉 개정판과 신간 출시!

〈과학자가 들려주는 과학 이야기〉 시리즈는 어렵게만 느껴졌던 위대한 과학 이론을 최고의 과학자를 통해 쉽게 배울 수 있도록 했다. 또한 지적 호기심을 자극하는 흥미로운 실험과 이를 설명하는 이론들을 초등학교, 중학교 학생들의 눈높이에 맞춰 알기 쉽게 설명한 과학 이야기책이다. 특히 추가로 구성한 101~130권에는 청소년들이 좋아하는 동물 행동, 공룡, 식물, 인체 이야기와 최신 이론인 나노 기술, 뇌 과학 이야기 등을 넣어 교육 과정에서 배우고 있는 과학 분야뿐 아니라 최근의 과학 이론에 이르기까지 두루 배울 수 있도록 구성되어 있다.

★ 개정신판 이런 점이 달라졌다! ★

첫째, 기존의 책을 다시 한 번 재정리하여 독자들이 더 쉽게 이해할 수 있게 만들었다.
둘째, 각 수업마다 '만화로 본문 보기'를 두어 각 수업에서 배운 내용을 한 번 더 쉽게 정리하였다.
셋째, 꼭 알아야 할 어려운 용어는 '과학자의 비밀노트'에서 보충 설명하여 독자들의 이해를 도왔다.
넷째, '과학자 소개 · 과학 연대표 · 체크, 핵심과학 · 이슈, 현대 과학 · 찾아보기'로 구성된 부록을 제공하여 본문 주제와 관련한 다양한 지식을 습득할 수 있도록 하였다.
다섯째, 더욱 세련된 디자인과 일러스트로 독자들이 읽기 편하도록 만들었다.

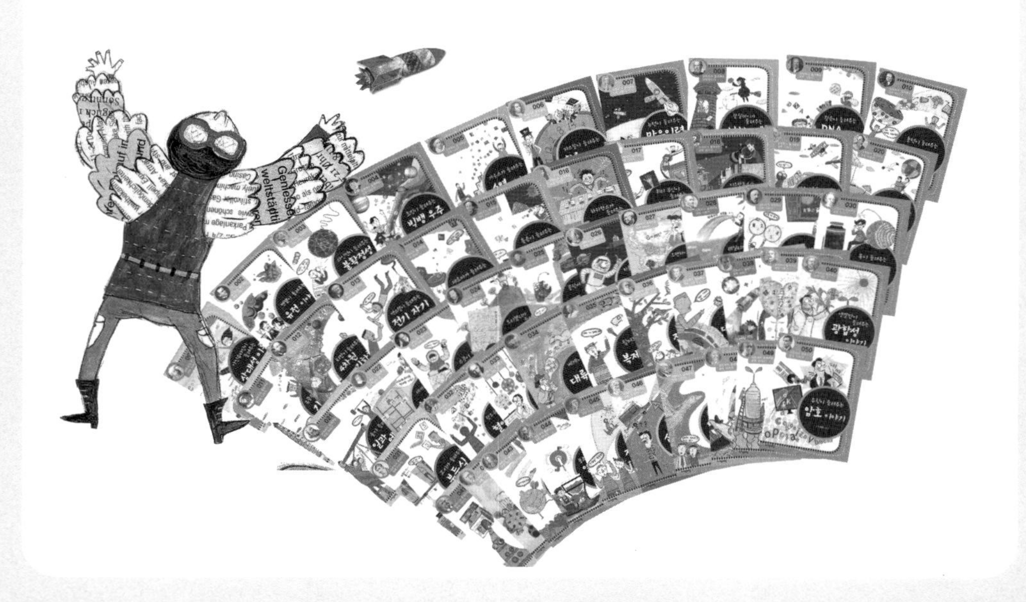